U0067644

パン Pain Bread　146種

終極美味
麺包・三明治圖鑑

"つむぎや" 金子健一

出版菊文化

歡迎大家進入終極美味麵包的世界！

在此，很高興能有研究麵包享用方法的機會。對我而言，正因為有作為麵包師的工作經驗，以及在「つむぎや（Tsumugiya）」透過美食與顧客相識，製作出能滿足大家「美味好吃！」、「有趣開心！」的料理，才有今天的我。所有的基礎起於和食，以此為起點，搭配組合變化出西式、中式以及異國等風味，更是「つむぎや（Tsumugiya）」的強項。將這些經驗靈活運用、自由探尋的結果，就是這本「終極美味麵包‧三明治圖鑑」所呈現出 146 種享用的創意方法。

主要食材是吐司、奶油卷、法式長棍…等麵包。例如，即使是奶油烤吐司，會因奶油塗抹的時間和切紋的狀況，而大幅改變奶油滲入的程度和風味。自由地搭配組合並樂在其中的享用方式，正是麵包的終極美味。

而標題的「圖鑑」，是我個人期待大人和小朋友們，都能對此感到有趣開心的想法。同時也希望即使還沒有開始閱讀內容，「這個，好像很好吃！」、「會是什麼樣的味道呢？」、「下次，做這個！」看照片就能創造出這樣的親子對話契機與開端。我自己就是以孩提時熱衷的圖鑑，作為麵包書的指標，並想像著希望自己的長子以及製作本書時誕生的次子，日後都能與我開心地展開親子對話的心情來完成這本書。

　　這本圖鑑，也能在您的創意下無限延伸。請大家一起樂在其中地探尋專屬於自己的變化組合。若能對大家日常享用麵包的製作上有所幫助，將是我最引以為樂的事。

つむぎや　金子健一

甜餡三明治　香甜口味目 甜餡三明治科 ·············· P.110

水果三明治　香甜口味目 水果三明治科 ·············· P.118

本書的規則

食譜中的 1 大匙是 15ml、1 小匙是 5ml。無論哪一種都是平匙。

所謂的適量、適當，指的是烹調時的水份或鹽份、個人喜好的風味等，可酌量的意思。

烤箱，使用的是 1,200W 的產品。

「薄薄地塗抹奶油」時，使用的是置於常溫下軟化的奶油。

4片切厚度／6片切厚度／8片切厚度，指的是相同大小的整條吐司切成不同的片狀，切成 4 片的最厚，8 片的最薄。

大幅升級美味

製作終極美味麵包的 10 大原則

水份是強敵、醬汁是眾友

吐司的吸水性超強。因此蔬菜要確實擦乾水份才能夾入。另外，法式長棍等口感紮實的麵包，利用醬汁或沙拉醬等調味滲入會更美味！

烤麵包，有無麵包邊的理由

若想追求食用時的口感，麵包邊就具有香脆的口感。麵包是否烘烤，也是相同的理由。一旦烘烤，就能享受酥酥脆脆的嚼感，滿意飽足。

乾燥大敵！保鮮膜是最佳戰友

雖然水份是麵包的強敵，但乾燥也是大敵。不立即食用時，或需暫置冷藏室入味時，務必確實地包妥保鮮膜。特別是吐司，保持"潤澤的口感"非常重要。

內餡，略多才恰到好處

為了製作一個三明治，內餡的必要食材卻是少少的量。乾脆以方便製作的分量多做一些，充足飽滿地夾入，甚至是多做一個也無妨。

起司切勿燒焦，要軟稠地融化！

使用起司時，烤箱完成預熱後放入麵包，在麵包周圍噴灑水霧＜ 3 ～ 5 次＞，使烤箱內充滿蒸氣地進行烘烤，利用蒸氣的效果讓起司容易融化成軟稠狀態。

6 到最邊緣、最後一口都要能嚐出美味

說是「三明治、三明治」,開始食用後,不知哪一口開始味道就相形單薄,沒有比這感到更空虛的事了。努力在材料的分切方式和排列方法下點工夫,就能滋味十足地享用到最後。

7 利用香料、香草與堅果,打出變化球

感覺味道少了一點,略嫌單調,偶而也會想要做出有別以往的麵包。這個時候能夠簡單改變滋味和口感的,就是香料、香草與堅果!

8 一道切紋就是一片三明治

使用2片麵包的三明治當然很好,但想要簡單墊墊肚子。這個時候,只要在麵包中央劃出切紋,擺放食材。沿著切紋彎折就能輕易地完成簡化版的三明治。

9 「過軟」時,冷卻使其緊實!

鮮奶油或優格醬汁、還有美乃滋圍邊,在製作時,若覺得「過軟」,就放入冷藏室。使其略為緊實後,更方便製作。

10 烘烤麵包也不能燒焦竹籤

在製作三明治卷十分活躍好用的是牙籤,若直接放入烤箱,很有可能會燒焦→燒起來。在露出的部分,先用鋁箔紙確實包裹,再安全地烘烤吧!

1章 烤麵包

酥酥脆脆、厚實Ｑ彈、膨鬆柔軟。同樣名為烤麵包，其中的美味變化萬千，像是，烘烤過後塗抹；或是塗抹後，排放食材烘烤。僅變化烘烤的順序，即使是相同的食材或配料，滋味也會全然不同。

在此，從簡約樸質的烤麵包，到像是如采餚般的披薩麵包等，4個種類進行研究。麵包上劃切割紋可以充分入味，也可試著將食材夾入其中作成類似"烤麵包三明治"。正因為單純反而更形深奧，烘烤時間略有差異就會大幅影響風味的烤麵包，烘烤時間只能作為參考標準，請試著做出自己個人喜好酥酥脆脆、厚實Ｑ彈、膨鬆柔軟的口感。

奶油烤麵包　　披薩麵包　　起司烤麵包　　美乃滋圍邊烤麵包

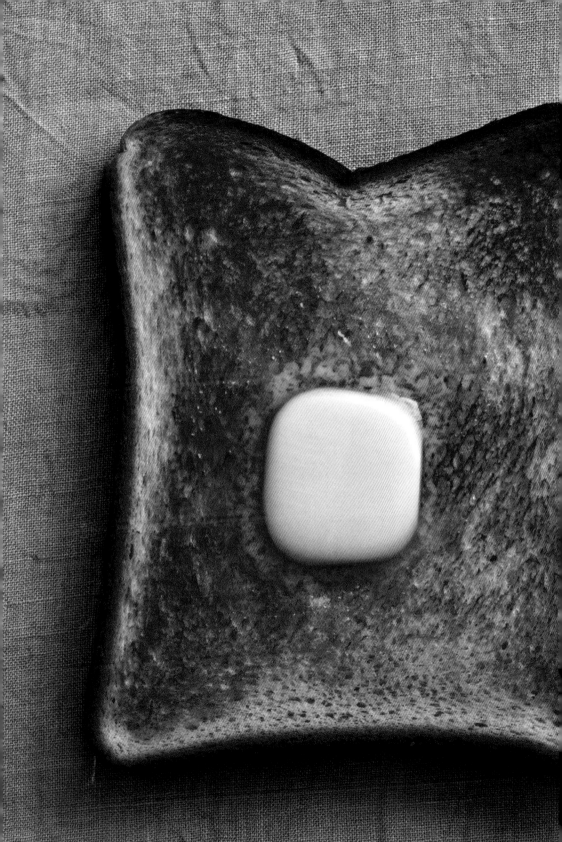

奶油烤麵包

奶油口

007
<英式烤麵包>
基本的
奶油烤麵包

011
<6片切厚度的吐司>
基本的
奶油烤麵包

<4片切厚度的吐司>
擺放奶油的
烤麵包
010

009

<8片切厚度的吐司>
奶油烤薄片麵包

017
<英式馬芬>
黃豆粉奶油烤麵包

018
<英式馬芬>
黑糖奶油烤麵包

酥酥脆脆

006
<4片切厚度的吐司>
凹凸形狀奶油烤麵包

014
<6片切厚度的吐司>
棒狀奶油烤麵包

005

004

<4片切厚度的吐司>
骰子形狀奶油烤麵包

<4片切厚度的吐司>
奶油烤口袋麵包

融入潤

　麵包，是香酥脆口、或是膨鬆柔軟、又或者是用擀麵棍擀壓後做出"緊密紮實"的感覺呢？是塗抹了奶油再烘烤，還是烘烤後再塗抹呢？要使奶油再融入滲透嗎，還是直接整塊放上去享受"食用"的快感呢？

　研究這5種不同模式，能否將食材完全表現的奶油烤麵包，呈現出令人驚異的變化組合。「麵包厚度不同，美味程度也各異，這是大家都能想像到的風味。但在此希望大家實際感受的，是依奶油滲入時間點所產生的不同風味。」

　烘烤後，若能迅速塗抹，奶油的風味僅

僅用奶油能完成什麼樣的成品呢？當初抱持著擔憂，
但並非如此，歡迎大家進入比想像中更寬廣的美味、更令人眩目，奶油烤麵包的世界。

012
< 6 片切厚度的吐司>
冰奶油烤麵包

001
< 4 片切厚度的吐司>
正統的奶油烤麵包

013
< 6 片切厚度的吐司>
鹽奶油烤麵包

厚實 Q 彈

香料奶油烤麵包

016

015
香蒜奶油
烤麵包

008
< 8 片切厚度的吐司>
千層奶油
烤麵包

002
< 4 片切厚度的吐司>
劃井字的
奶油烤麵包

003
< 4 片切厚度的吐司>
網狀的
奶油烤麵包

存於表面，還是能品嚐到麵包本身的美味。
另一方面，若是「無論如何就是喜歡奶油」，
那麼推薦可以塗抹後再烘烤。奶油會不斷地
滲入麵包當中。若是再於麵包表面劃出切
紋，奶油就能融入得更多。
　此外，此次最具劃時代的做法，就是將

奶油與配菜食材相結合的模式，讓人暫時忘
卻卡路里的美味。奶油烤麵包正因為簡約樸
質，所以略微的差異就會大幅左右其風味的
深奧。

001

<4片切厚度的吐司>

正統奶油烤麵包

厚切吐司劃上切紋，使奶油滲入其中。

材料與製作方法

吐司1片，劃入十字切紋，烘烤約1分鐘30秒。塗抹上置於常溫下軟化的奶油5g，再烘烤約30秒，於中央再擺放5g奶油。

浸透度 ‧‧‧‧ ❑　　鬆軟度 ‧‧‧‧ ❑ ❑　　安定感 ‧‧‧‧ ❑ ❑ ❑

002

< 4 片切厚度的吐司 >

劃井字的奶油烤麵包

越是劃切，
奶油越能滲入使其潤澤

材料與製作方法
吐司 1 片，縱橫各別劃入 2 處切紋成井字。
用烤箱烘烤約 1 分鐘 30 秒，在中央擺放
10g 奶油後再追加烘烤 30 秒。

浸透度‥‥‥◨◨◨
鬆軟度‥‥‥◨◨
易於享用‥‥◨◨◨

003

< 4 片切厚度的吐司 >

網狀的奶油烤麵包

劃切成如此細密的切紋，
就能均勻遍布地 "融入潤澤"

材料與製作方法　吐司 1 片，以 1cm 間隔
地劃入格子切紋。用烤箱烘烤約 1 分鐘 30
秒，將切成厚 2mm 的奶油薄片 12g 擺放
在表面，再烘烤約 30 秒。

浸透度‥‥‥◨◨◨
鬆軟度‥‥‥◨◨
易於享用‥‥◨◨

004

< 4 片切厚度的吐司 >
奶油烤口袋麵包

才想著只是吐司？
中間就流出大量濃稠的奶油

材料與製作方法　吐司 1 片，從側邊劃入使
其形成口袋狀，中間放入奶油片 10g，用
烤箱烘烤約 1 分鐘 30 秒。

驚喜度‧‧‧‧‧‧‧ ❑❑❑
視覺平實感‧‧‧‧ ❑❑❑
飽足感‧‧‧‧‧‧‧‧ ❑❑

005

< 4 片切厚度的吐司 >
骰子形狀奶油烤麵包

所有表面都沾裹上奶油，
形成香酥、爽脆的口感樂趣

材料與製作方法　吐司 1 片切成 9 小塊放入
耐熱容器中，擺放切成片狀的奶油 10g，
用烤箱烘烤 2 分鐘（過程中不斷變換麵包
的位置使其沾裹融化奶油）。將未呈現烘烤
色澤的部分朝上，再追加烘烤約 30 秒。

點心零食感‧‧‧‧ ❑❑❑
硬脆度‧‧‧‧‧‧‧‧ ❑❑❑
輕盈爽口感‧‧‧‧ ❑

006

<4片切厚度的吐司>

凹凸形狀奶油烤麵包

凹處是 "緊密紮實"，凸處是膨鬆柔軟。
奶油的滲入方法也隨之不同

材料與製作方法　吐司 1 片，切除麵包邊，
用擀麵棍縱橫各按壓 2 處，使表面呈現凹
凸狀。塗抹置於常溫的柔軟奶油 7g 後，放
入烤箱烘烤 1 分鐘 30 秒。

視覺衝擊度 ‧‧‧‧‧‧‧ ❑❑❑
簡單程度 ‧‧‧‧‧‧‧‧‧ ❑❑
口感不可思議度 ‧‧‧‧ ❑❑❑

007

<英式吐司>

基本的奶油烤麵包

厚實 Q 彈的英式吐司，
同時能享受到外側的香脆

材料與製作方法　英式吐司（厚約
3cm）1 片，縱向 1 處、橫向 2 處地劃
入 5mm 的切紋，用烤箱烘烤 2 分鐘。
擺放奶油片 7g。

英式風味感 ‧‧‧‧ ❑❑❑
香硬酥脆度 ‧‧‧‧ ❑❑❑
安定感 ‧‧‧‧‧‧‧‧ ❑❑❑

008

＜8片切厚度的吐司＞

千層奶油烤麵包

幾層疊放的薄片吐司。
可以嚐出各別滲入的奶油香氣

材料與製作方法　吐司1片切去麵包邊，縱
向分切成4等分。在各麵包片單面塗抹軟
化的奶油1g。將各片層疊成4層後，橫向
放入烤箱中烘烤1分鐘30秒。

視覺衝擊度⋯⋯❑❑❑
驚喜度⋯⋯⋯❑❑❑
簡單程度⋯⋯⋯❑

009

＜8片切厚度的吐司＞

奶油烤薄片麵包

麵包壓扁烘烤，
就能做出宛如披薩的餅皮。在以大量奶油

材料與製作方法　吐司1片切去麵包邊，對
半分切。用擀麵棍按壓擀成薄片。用烤箱
烘烤2分鐘，各別擺放切成長條狀的奶油
3g。食用時，再縱向對折。

點心零食感⋯⋯❑❑❑
奶油感⋯⋯⋯❑❑
優雅程度⋯⋯⋯❑❑❑

010

＜ 4 片切厚度的吐司＞

擺放奶油的烤麵包

將奶油當作配料食材，大口享用。請在未完全融化前吃光光

材料與製作方法

吐司 1 片縱向分切成 3 等分，從斷面處劃上切紋，使其成為口袋狀。放入烤箱烘烤約 2 分鐘左右，將片狀奶油 3g 各別放入切紋處。

視覺衝擊度 ···· 🔲🔲🔲　　飽足感 ···· 🔲🔲　　奶油感 ···· 🔲🔲

011

< 6 片切厚度的吐司 >

基本的奶油烤麵包

恰到好處的厚度，
可以同時享受到酥脆與鬆軟 2 種口感

材料與製作方法　吐司 1 片放入烤箱中烘烤
約 2 分鐘後，將奶油 7g 擺放於正中央。
待奶油融化後，推開塗抹於全體表面。

安定感‧‧‧‧‧‧❏❏❏
奶油感‧‧‧‧‧‧❏❏❏
簡單程度‧‧‧‧❏❏

012

< 6 片切厚度的吐司 >

冰奶油烤麵包

留有爽脆嚼感，
呈現冷凍奶油嶄新的美味

材料與製作方法　吐司 1 片對半分切，從切
面劃入切紋使其成為口袋狀。中間各別放
入切成片狀的冷凍奶油 5g，放入烤箱中烘
烤 1 分鐘 30 秒。

驚喜度‧‧‧‧‧‧‧❏❏❏
簡單程度‧‧‧‧‧‧❏
快速食用程度‧‧‧❏❏❏

013

<6 片切厚度的吐司>

鹽奶油烤麵包

會先嚐到鹹味，令人有滿足感的滋味。
使用個人喜好的天然鹽

材料與製作方法 吐司 1 片在烤箱中烘烤 1
分鐘 30 秒。塗抹置於常溫下軟化的無鹽奶
油 7g，撒上 1 小撮喜歡的鹽、少許粗磨黑
胡椒，再烘烤約 30 秒。

大人口味 · · · · □□□
簡單程度 · · · · □□□
驚喜度 · · · · · · □□□

014

<6 片切厚度的吐司>

棒狀奶油烤麵包

烘烤切面越多，
越能增加酥脆的口感

材料與製作方法 吐司 1 片，縱向分切成 4
等分的長條狀。各別塗抹置於常溫下軟化
的奶油 2g。放入烤箱中烘烤 2 分鐘。

簡單程度 · · · · · · □□□
分享度 · · · · · · · □□□
輕盈爽口感 · · · · □

015
香蒜奶油烤麵包

平葉巴西里的清爽風味。
浸滲到切紋內，中央充滿潤澤的口感

材料與製作方法　置於常溫下軟化的奶油
10g，加入 1/2 瓣磨成泥狀的大蒜，和切
碎的平葉巴西里，混拌製作出蒜香奶油。
使用切成 4 ～ 6 片厚度的吐司時，適度地
劃上切紋，每一片塗抹蒜香奶油 5g，放入
烤箱中烘烤約 2 分鐘左右。

菜餚感　‥‥‥‥ ■■□
華麗程度‥‥‥‥ ■■□
宵夜適合度　‥‥‥ ■■■

016
香料奶油烤麵包

孜然的香氣在口中迸發的瞬間，
能感受到異國風味

材料與製作方法　置於常溫下軟化的奶油
10g 當中，混拌 1 小匙的孜然籽製作出孜
然香味奶油。使用切成 4 ～ 6 片厚度的吐
司時，適度地劃上切紋，每一片塗抹孜然
香味奶油 5g，放入烤箱中烘烤約 1 分鐘
30 秒。

驚喜度‥‥‥‥‥ ■■■
下酒小菜度‥‥‥ ■■■
簡單程度‥‥‥‥ ■■■

＜英式馬芬＞

黃豆粉奶油烤麵包

散發出黃豆粉香氣的日式烤麵包。
雖然沒有甜度，但意外的美味

材料與製作方法　置於常溫下軟化的奶油
10g 當中，加入 2 小匙黃豆粉混合拌勻。
英式馬芬 1 個橫向對半分切，放入烤箱中
烘烤約 2 分鐘左右，在切面塗抹適量的黃
豆粉奶油。

點心零食感 ‥‥ ▮▮▯

和洋折衷感 ‥‥ ▮▮▮

視覺衝擊度 ‥‥ ▮

烤麵包目　奶油烤麵包科

018

＜英式馬芬＞

黑糖奶油烤麵包

柔和的奶油與黑糖濃郁的甜味，
形成絕妙的均衡美味

材料與製作方法　置於常溫下軟化的奶油
10g 當中，加入 1 小匙黑糖（粉末狀）混合
拌勻。英式馬芬 1 個橫向對半分切，在切
面各別塗抹黑糖奶油 5g，再放入烤箱中烘
烤約 1 分鐘 30 秒左右。烘烤完成後，再
撒上少許黑糖。

點心零食感 ‥‥ ▮▮▮

濃郁度 ‥‥‥‥ ▮▮▮

簡單程度 ‥‥‥ ▮

披薩麵包

清盈爽↑

026

蔥花銀魚披薩麵包

022

黏呼呼披薩麵包

← 日式

025

御好燒風格披薩麵包

醇厚濃↓

　　首先，必須先定義「具有什麼才是這裡所說的"披薩麵包"」。有各種爭議－像是「沒有起司就不是披薩」、「番茄類醬汁是必要材料」等，但在這本圖鑑中，①麵包上必須塗抹某些醬汁、②擺放食材、③撒上起司或是美乃滋，加熱後會融化成濃稠

狀 ...，這就是成為披薩麵包的關鍵。絕不止是起司，美乃滋也可以的原因，是考量到一般宅配披薩的菜單中，很多都使用美乃滋，大受小朋友歡迎的原故。

　　如此一來，關於披薩麵包的種類，瞬間大幅度擴展。過去印象中認為披薩從製醬汁和起司（有時是美乃滋）濃稠滑順的口感。

一片就能填飽肚子，從基本款披薩到日式和風披薩，甚至無國籍披薩都有！

021

紅蘿蔔披薩麵包

023

櫛瓜塊披薩麵包

024

酪梨披薩麵包

西式

019

The 披薩麵包

020

甜椒與鹹牛肉的
披薩麵包

作就是偏向西式的作法，但藉由在醬汁中混入了味噌、醬油，也可以品味出深奧的日式和風美味。並且，麵包的選擇，在口感與美味的變化上都是非常重要的關鍵。「使用葡萄乾麵包可以增添酸甜風味；靈活運用貝果的Q彈口感，或英式馬芬的酥香。

①塗抹、②擺放、③加熱。披薩麵包的必要規則就只需考量這些，自然而然就能打開無限廣闊的世界了」

019
The 披薩麵包

洋蔥、青椒 & 火腿。
正統的 3 種搭配食材！

材料與製作方法　4 片切厚度的吐司 1 片，塗抹
1 小匙番茄醬，擺放切成 1cm 寬的火腿 1 片、
圈狀青椒 6 片、洋蔥薄片適量、披薩用起司
20g，噴灑水霧，烘烤 2 分鐘～ 2 分鐘 30 秒。

正統感‧‧‧‧‧‧‧‧ ❏❏❏
意外的健康感 ‧‧‧‧ ❏❏
簡單程度‧‧‧‧‧‧‧‧ ❏❏❏

020
甜椒與鹹牛肉的披薩麵包

鹹牛肉 & 起司的醇厚濃郁，
用甜椒呈現輕盈爽口

材料與製作方法　貝果 1 個橫向對切。下層
表面塗抹番茄醬和美乃滋各 1 小匙的混合醬
汁，擺放混合了切成 1cm 丁狀的甜椒 1/6 個，
和鹹牛肉 40g 作為餡料，再放上披薩用起司
10g，噴灑水霧，上層麵包也一起烘烤約 2
分鐘後夾起來，完成時撒上少許粗磨黑胡椒。

充足肉食感 ‧‧‧‧ ❏❏
飽足感‧‧‧‧‧‧‧‧ ❏❏❏
嶄新程度‧‧‧‧‧‧ ❏❏❏

　<披薩麵包規則> 配料食材用起司烘烤時，要噴灑水霧（請參照 P.8）。使用美乃滋時則不需要。

021
紅蘿蔔披薩麵包

醃漬紅蘿蔔的酸甜
是稠濃起司的最佳拍檔

材料與製作方法　紅蘿蔔 1/2 根，縱向用刨刀刨成長條細絲狀。橄欖油、巴薩米可醋各 1 小匙、蜂蜜 1/2 小匙、鹽 2 小撮、少量粗磨黑胡椒，略略混拌後，醃漬紅蘿蔔細絲。山型葡萄乾吐司（2cm厚）1 片，略烘烤約 1 分鐘，擺放醃漬的紅蘿蔔和披薩用起司 10g，噴灑水霧，再烘烤至起司融化成稠濃柔軟為止。

健康感‧‧‧‧‧‧‧‧ ❑❑❑
隱約的甜度‧‧‧‧ ❑
特殊感‧‧‧‧‧‧‧‧ ❑❑

022
黏呼呼披薩麵包

秋葵的黏稠和起司的濃稠。
用七味粉烘托出嶄新的美味

材料與製作方法　8 片切厚度的吐司 1 片，塗抹味噌美乃滋（味噌 1 小匙＋美乃滋 1 大匙）。擺放切成小圓片的秋葵 2 根、片狀起司 1 片，噴灑水霧，烘烤 1 分鐘 30 秒。完成時撒上七味粉。

清爽感‧‧‧‧ ❑
黏稠感‧‧‧‧ ❑❑❑
健康感‧‧‧‧ ❑❑❑

023
櫛瓜塊披薩麵包

櫛瓜的水潤搭配咖哩風味，
隱約地散發香氣

材料與製作方法　8 片切厚度的吐司 1 片，
混合 2 小匙番茄醬和 1/2 小匙咖哩粉後塗
抹。黃色和綠色櫛瓜用擀麵棍等敲破，再
切成 2cm 大小塊狀後擺放，放上戈根左拉
起司 20g，噴灑水霧，烘烤 2 分鐘～2 分
鐘 30 秒。完成烘烤後，圈狀澆淋少量橄欖
油、鹽、粗磨黑胡椒各少許。

視覺衝擊度 ‥‥❚❚❚

濃郁度‥‥‥‥❚❚❚

咀嚼感‥‥‥‥❚❚❚

024
酪梨披薩麵包

酪梨的濃郁與起司的 "濃稠"
非常合拍

材料與製作方法　混合切碎的洋蔥 2 大匙、
檸檬汁 1 小匙、醬油 1/3 小匙、粒狀黃芥
末 1/2 小匙，與切成一口大小的酪梨 1/2
個混拌。6 片切厚度的吐司 1 片，先烘烤
約 1 分鐘，擺放拌好的酪梨，擠上適量的
美乃滋，再烘烤 1 分鐘 30 秒～2 分鐘。

意外的清爽口感‥‥❚❚

醇厚度‥‥‥‥‥❚❚❚

食用趣味度‥‥‥❚❚

025
御好燒風格披薩麵包

小吃類的披薩，
高熱量的御好燒風味

材料與製作方法　8片切厚度的吐司1片，塗抹美乃滋1小匙，擺放斜切成薄片的香腸2根、切碎的紅薑1小匙、炸麵酥1大匙，再擠上適量的美乃滋，烘烤2分鐘30秒至表面金黃焦香。完成時撒上海苔粉。

攤販小吃感 ⋯⋯⋯⋯❑❑
特殊感 ⋯⋯⋯⋯⋯⋯❑
不可思議的懷舊感 ⋯⋯❑❑❑

026
蔥花銀魚披薩麵包

銀魚的鹹味和蔥花的風味，
清新爽口欲罷不能！

材料與製作方法　英式馬芬1個橫向對半分切。混合醬油1/3小匙、美乃滋1大匙塗抹在單側切面上，擺放切成小圈狀的青蔥1/2根、1大匙銀魚、蔥白細絲適量，再覆以1片起司，噴灑水霧，烘烤約1分鐘30秒。完成時撒上少許山椒粉，覆蓋上另一側烘烤過的英式馬芬片夾起享用。

鈣質充足度 ⋯⋯❑❑❑
日本風 ⋯⋯⋯⋯❑❑❑
健康感 ⋯⋯⋯⋯❑

起司烤麵包

小點

032

帕瑪森起司烤麵包

033

奶油起司 &
生火腿烤麵包

027

基
本

The 起司烤麵包

031

明太子起司烤麵包

028

雙重起司烤麵包

正餐

只放起司，是否足夠美味？與奶油烤麵包一樣令人好奇。「但是，起司有很多種類。從大家熟知的起司片到戈根佐拉起司、茅屋（cottage）起司、帕瑪森起司…。這些風味價格各異的起司，藉由搭配使用，應該會讓風味及成品的印象完全改變」。"起司烤

麵包的美味，並不在於起司的價格，而是取決於組合搭配"，可以證明這樣的說法是正確的。例如，使用有著乾燥水果具深度酸甜的麵包時，用披薩起司就能呈現大家喜愛的風味。

使用戈根佐拉起司時，避免因過於濃重的

外觀看起來十分樸質的成品，因為起司深厚的風味，而讓人發出「哇～」的驚嘆美味，堅持追求靈活運用起司的特色，同時也與食材進行完美的結合。

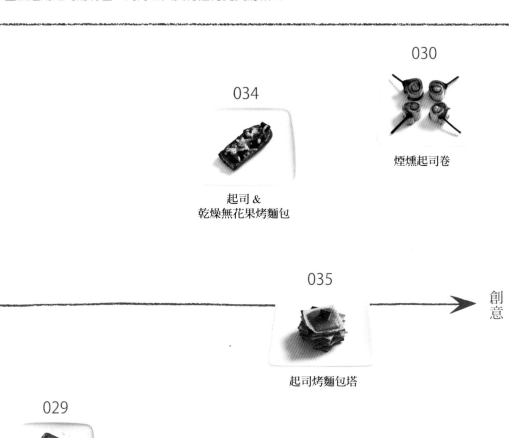

030

煙燻起司卷

034

起司 &
乾燥無花果烤麵包

035

起司烤麵包塔

創意

029

三重起司烤麵包

口味而令人膩口。本書中，冠以 "The" 的起司烤麵包，選用也是唾手可得的美乃滋＋披薩用起司的食材組合。但卻能呈現出「果然，就是這個呢」的安心感。

雖然美味，但外觀其實很不容易區分差引，這就是起司烤麵包的困難之處，所以請務必活用如明太子般，與顏色鮮艷的食材混拌的視覺技巧。「另外，若是追求外觀的視覺衝擊，建議可以做成如『五重塔』的『起司烤麵包塔』。像飛行器般的烤麵包塔，口感也有明顯的變化，味道也是拍胸脯打包票的自信之作。」

027
The 起司烤麵包

利用美乃滋和黑胡椒，
做出起司烤麵包濃郁深奧的風味

材料與製作方法　6 片切厚度的吐司 1 片，
薄薄地塗抹美乃滋 1 小匙，擺上披薩用起
司 20g，噴灑水霧，烘烤 2 分鐘 30 秒。
完成時撒上少許粗磨黑胡椒。

簡約度‧‧‧‧‧‧❑❑❑

刺激感‧‧‧‧‧‧❑

佐茶點心‧‧‧‧❑❑❑

028
雙重起司烤麵包

粒狀黃芥末和番茄醬，
將起司的美味推上頂端

材料與製作方法　4 片切厚度的吐司 1 片，切
去麵包邊，側邊劃入切紋使其成為口袋狀。將
起司 1 片切成 4 等分，每片略微交錯重疊且不
留間隙地放入口袋內。麵包表面依序塗抹粒狀
黃芥末、番茄醬各 1 小匙，再覆蓋上起司 1 片，
噴灑水霧，用烤箱烘烤 1 分鐘 40 秒～ 2 分鐘。

驚喜度‧‧‧‧‧‧‧‧❑❑

起司感‧‧‧‧‧‧‧‧❑❑

粒狀黃芥末感‧‧‧‧❑❑❑

　＜起司烤吐司的規則＞烘烤時務必噴灑水霧（請照 P.8）。

029
三重起司烤麵包

1 片烤麵包上，
豪奢地使用了 3 種起司

材料與製作方法

6 片切厚度的吐司 1 片，塗抹置於室溫中軟
化的戈根佐拉起司 10g，再擺放起司 1 片，
噴灑水霧，烘烤約 2 分鐘。烘烤完成後，各
別撒上少許的粉狀起司和粗磨黑胡椒。

時尚感 ···· ■ ■ ■　　驚喜度 ···· ■　　起司感 ···· ■ ■ ■

030

煙燻起司卷

以紫蘇的香氣提味。
煙燻味令人食慾大增

材料與製作方法

8片切厚度的吐司1片，切去麵包邊，用擀麵棍薄薄
地擀壓。縱向對切後薄薄地塗抹美乃滋，各別擺放2
片對切的紫蘇葉。1個煙燻起司作為中芯地捲起來，
以2根牙籤固定。同樣地再製作另一個。從中央處
對半分切，牙籤外露的部分為了避免燒焦，以鋁箔
紙包捲。起司斷面朝上，噴灑水霧，烘烤約2分鐘。

下酒小菜度 ···· 🔲🔲🔲　　可愛程度 ···· 🔲🔲🔲　　清新感 ···· 🔲🔲

031
明太子起司烤麵包

烘托出明太子的美味，
是風味輕盈的茅屋（cottage）起司

材料與製作方法　混合攪散的明太子 20g、茅屋（cottage）起司 60g、少許芝麻油後，擺放在 4 片切厚度的吐司上，噴灑水霧，烘烤約 2 分鐘。完成時點綴適量的切碎海苔。

菜餚感‧‧‧‧‧‧‧□□□
視覺衝擊度‧‧‧‧□□
日本風‧‧‧‧‧‧‧‧□

032
帕瑪森起司烤麵包

能充分享受帕瑪森起司的醇厚美味！
香香脆脆的堅果更是畫龍點睛！

材料與製作方法　英式馬芬 1 片，橫向對半分切。混拌綜合堅果 10g 和磨削的帕瑪森起司粉 1 大匙，抹在單片英式馬芬上，噴灑水霧，烘烤 1 分鐘 30 秒。澆淋 1 小匙的橄欖油、少許粗磨黑胡椒，再撒上 1 大匙磨削的帕瑪森起司粉，覆蓋上烘烤過的另外半片英式馬芬。

輕食感‧‧‧‧‧‧‧□□□
食用趣味度‧‧‧‧□□□
義大利風‧‧‧‧‧‧□□□

033
奶油起司 &
生火腿烤麵包

生火腿的鹹味和奶油起司的酸味
大家熟悉的組合

材料與製作方法　混合置於常溫下軟化的奶油起司 30g 和撕碎的生火腿 10g，塗抹在 6 片切厚度的單片吐司上，噴灑水霧，烘烤約 2 分鐘。完成烘烤時，擺放 3 片撕碎的羅勒葉。

前菜感‥‥‥‥‥ ▢▢
色彩豐富度 ‥‥ ▢▢▢
飽足感‥‥‥‥‥ ▢

034
起司 &
乾燥無花果烤麵包

在起司的鹹味中
呈顯現出無花果的酸甜！

材料與製作方法　法式長棍（12cm 橫向對半分切），表面塗抹奶油 5g。擺放切碎的乾燥無花果 30g 和披薩用起司 10g，噴灑水霧，烘烤約 2 分鐘。完成時撒上少許的粗磨黑胡椒。

葡萄酒搭配度‥‥‥‥ ▢▢▢
加了什麼？好奇感‥‥ ▢▢
特殊感‥‥‥‥‥‥‥ ▢▢▢

035
起司烤麵包塔

壓扁的吐司有紮實的口感。請不要破壞形狀地大口享用吧

材料與製作方法

8 片切厚度的吐司 2 片，切去麵包邊，
用擀麵棍各別薄薄地擀壓後，每片分切
成 4 等分。麵包與起司交互層疊，最上
方擺放 1cm 方塊的麵包邊。噴灑水霧，
烘烤約 2 分鐘～ 2 分鐘 30 秒。

視覺衝擊度 ···· 🍞🍞🍞　　食用趣味度 ···· 🍞🍞　　製作時的興奮度 ···· 🍞🍞🍞

美乃滋圍邊烤麵包

將美乃滋沿著麵包邊緣擠成像堰堤的“美乃滋圍邊”。可以防止軟滑晃動的食材掉落。

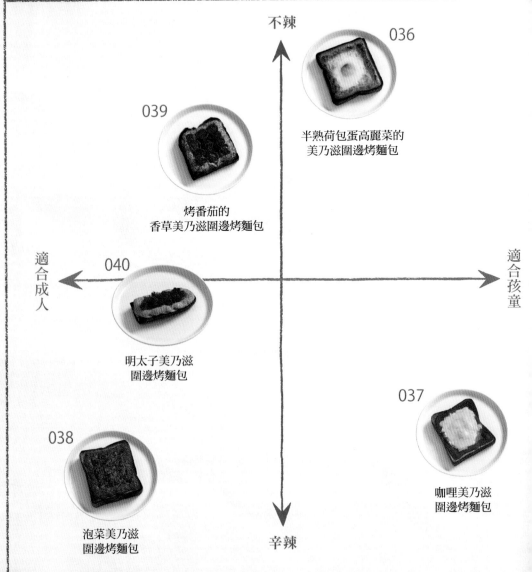

不辣

036
半熟荷包蛋高麗菜的
美乃滋圍邊烤麵包

039
烤番茄的
香草美乃滋圍邊烤麵包

適合成人

040
明太子美乃滋
圍邊烤麵包

適合孩童

037
咖哩美乃滋
圍邊烤麵包

038
泡菜美乃滋
圍邊烤麵包

辛辣

　　要擺放不具安定性的食材時，有沒有什麼好方法呢？不僅是方便，本身又能增添美味的話，就無可挑剔了。在這樣的思維下，誕生的就是美乃滋。「美乃滋一旦烘烤後能更添美味，甚至在美乃滋中添加香草或明太子混拌，製作出“創意風味美乃滋”，能使變化組合的層面更廣，也是有趣之處」。都特別圍邊了，盡情擺放食材吧！雞蛋、起司、再加上山藥泥…。「有了美乃滋圍邊，什麼都能放！」，可以感受烤麵包全新面貌的新發現，讓我信心大增。

036
半熟荷包蛋高麗菜的
美乃滋圍邊烤麵包

濃稠滑順的蛋黃和清脆爽口的高麗菜！

材料與製作方法

高麗菜 2 片切絲，用 1/2 小匙芝麻油和 1 小撮鹽混拌。4 片切厚度的吐司 1 片，側邊劃上切紋使其成為口袋狀，填入高麗菜。麵包中央用手指按壓，做出凹陷形狀，用美乃滋 20g 在麵包邊緣內側圍堵般地製作出圍邊。烘烤 2～3 分鐘至美乃滋隱約上色，於相同位置再次做出凹陷形狀，打入 1 個雞蛋（S～M），再次烘烤約 3 分鐘，使蛋成為半熟太陽蛋。

多點步驟但又令人想吃的程度‥‥🔲🔲🔲　　　飽足感‥‥🔲🔲🔲　　　視覺衝擊度‥‥🔲🔲🔲

＜美乃滋圍邊的規則＞創意風味美乃滋，預先裝入塑膠袋內置於冷藏室冷卻，不容易滴落也更容易形成圍邊。烘烤時，務必要舖墊鋁箔紙。為使美乃滋均勻呈現烘烤色澤，請不時調整麵包受熱方向邊烘烤。

037
咖哩美乃滋圍邊烤麵包

咖哩美乃滋搭配大量的披薩起司。
添加了火腿，小朋友們的最愛

材料與製作方法　6 片切厚度的吐司 1 片，表面擺放火腿 1 片，用咖哩美乃滋（咖哩粉 1/5 小匙＋美乃滋 20g）像圈住四邊般地製作出圍邊，中央擺放披薩用起司 30g。烘烤 2 分鐘～2 分鐘 30 秒，至美乃滋隱約上色（過程中，對著起司噴灑水霧（請參照 P.8），避免燒焦）。

大人也喜歡！‧‧‧‧‧‧‧ ❑❑❑
飽足感‧‧‧‧‧‧‧‧‧‧‧ ❑❑❑
圍邊決堤的注意度‧‧‧‧ ❑

038
泡菜美乃滋圍邊烤麵包

"鬆軟、黏稠～"
不可思議口感，究竟是 ......

材料與製作方法　4 片切厚度的吐司 1 片，用泡菜美乃滋（切碎的泡菜 10g ＋美乃滋 20g）像圈住四邊般地製作出圍邊，中央擺放混合了山藥泥 40g、海苔粉 1 小匙、醬油 1/3 小匙的餡料，烘烤約 2 分鐘 30 秒。

添加了什麼？好奇感‧‧‧‧ ❑❑❑
日本酒的適合度‧‧‧‧‧‧‧ ❑❑❑
視覺衝擊度‧‧‧‧‧‧‧‧‧‧ ❑❑

039
烤番茄的香草美乃滋
圍邊烤麵包

用香草美乃滋
襯托出烤番茄的酸甜

材料與製作方法　山形葡萄乾吐司（2cm厚）1
片，中央排放切成 3 等份的小番茄 4 顆。淋上
橄欖油 1 小匙、鹽和粗磨黑胡椒各少許，用香
草美乃滋（切碎的蒔蘿 1 枝＋粒狀黃芥末 1 小匙
＋美乃滋 20g 混合）像圈住四邊般地製作出圍
邊，烘烤 2 分鐘 30 秒～ 3 分鐘。

沙拉感 ···· 🍞🍞
時尚感 ···· 🍞🍞🍞
輕食感 ···· 🍞🍞

040
明太子美乃滋圍邊烤麵包

口感不同的 2 種蔬菜卻巧妙地融合。
明太子美乃滋就是連結的關鍵

材料與製作方法　法式長棍（12cm 橫向對半分
切），擺放切成 3cm 薄片的櫛瓜（黃），用明太
子美乃滋（攪散的明太子 20g ＋美乃滋 20g）
沿著麵包邊緣圈住般地製作出圍邊。紅蘿蔔
3cm 磨成泥狀擺放在中央，澆淋芝麻油 1/2 小
匙，烘烤 2 分鐘 30 秒～ 3 分鐘。

驚喜度 ·········· 🍞🍞🍞
健康感 ·········· 🍞🍞
意外的下酒小菜 ···· 🍞

晚餐剩菜的簡單變化

不小心剩下的晚餐菜餚。第二天，與其直接食用 …
不如果斷地用於麵包的變化，嚐得到美味又有新鮮感。

咖哩飯

「與其不夠，不如多煮剩下來也沒關係吧」用大鍋製作出大量的咖哩。如預料中剩下來的部分，也可以用在麵包，呈現出各種組合。麵包和咖哩一起享用保證美味，可以不花工夫地製作，也可以多加點步驟就能做出令人驚異的滋味。

鮪魚起司咖哩三明治

瀝乾湯汁攪散的鮪魚和咖哩混拌，製成糊狀。4 片切厚度的吐司略微烘烤後，將糊狀食材塗抹於吐司表面，再撒上披薩起司做裝飾，烘烤。

印度絞肉咖哩熱狗麵包

用平底鍋拌炒豬絞肉和切碎的蒜末，加入咖哩和椰奶混拌，拌煮至湯汁收乾。熱狗麵包劃入切紋夾入內餡，以香菜裝飾。

咖哩可樂餅漢堡

搗碎蒸過的馬鈴薯，與咖哩混拌後捏成圓形，沾裹麵衣後油炸，做成咖哩可樂餅。在英式馬芬的切面塗抹奶油，澆淋醬汁，與高麗菜絲一起夾入享用。

焗烤

大盤完成的焗烤，很容易剩下一些些，直接吃會有滿滿的"剩菜感"。一旦與麵包搭配組合，立刻化身為時尚風味！甚至會讓人想著「為了明天，想要多做一些焗烤吧」，接下來是連著 4 款略帶豪華感的組合變化。

卡門貝爾起司焗烤的熱烤三明治

8 片切厚度的吐司切去麵包邊，夾入粒狀黃芥末、剩下的焗烤、卡門貝爾起司，夾起來用熱烤三明治機熱烤，製作出panini 熱烤三明治。

焗烤披薩

8 片切厚度的吐司上塗抹剩餘的焗烤，各別擺放切成薄片的紅椒和橄欖，擠上美乃滋，烘烤至呈黃金烤色。

庫克先生
（Croque-Monsieur）

8 片切厚度的吐司 1 片，塗抹剩餘的焗烤，擺放火腿。用另 1 片吐司夾起，再次塗抹剩下的焗烤，擺放起司烘烤。完成時再撒上紅椒粉。

庫克太太
（Coque Madame）

庫克先生的運用。加熱平底鍋中的油，煎出較小的太陽蛋，不加起司地擺放在烘烤過「庫克先生」的表面。

紅蘿蔔與牛蒡的炒金平

白飯的最佳搭擋炒金平，作為麵包的配菜食材，是嶄新的變化組合。直接夾入麵包會略顯唐突，但若添加起司、堅果等西式食材，意外地合拍。在研究三明治時發現到的理論－「適合白飯的食材，確實也適合搭配麵包」，在此瞬間得到了證明。

炒金平孜然堅果熱烤三明治

使用的是切去麵包邊 8 片切厚度的吐司，將混入孜然和粗粒綜合堅果的炒金平夾入其中，製作成 panini 熱烤三明治。

炒金平歐姆蛋三明治

打散的蛋液中加入炒金平、美乃滋、蔗糖、鹽、胡椒，製作成歐姆蛋。夾入烘烤過的山型吐司中。

起司烤麵包 A

在 6 片切厚度的吐司上，擺放炒金平和起司。將麵包放入預熱好的烤箱中，噴灑水霧，烘烤至起司稠濃融化。

起司烤麵包 C

切碎的蒔蘿和炒金平混拌，放入從側面劃入切紋使其成為口袋狀 4 片切厚度的吐司中。放上起司，噴灑水霧後烘烤。

起司烤麵包 B

起司烤麵包 A 的應用。在炒金平上撒綜合辛香料－葛拉姆馬薩拉粉（Garam masala）混拌，擺放在 6 片切厚度的吐司上。放上起司，噴灑水霧後烘烤。

餃子

若是西式和日式的菜餚可以變化，那麼毫無疑問，中華料理的菜色也一定適合麵包。剩下的煎餃可以直接或切碎後，大膽放心地組合搭配吧！

切碎的煎餃

剩餘的餃子粗略地切碎，因為好吃的餃子內餡已經有足夠的風味，因此直接作為食材可以不用再調味，簡單就能完成三明治或烤麵包。

煎餃熱狗麵包

熱狗麵包劃上切紋，混拌酸橙醋和美乃滋塗抹在切面，墊放生菜。夾入整體都用芝麻油煎至香脆的餃子 2 ～ 3 個。

馬鈴薯沙拉三明治

用蒸過的馬鈴薯和切碎的餃子、美乃滋、鹽、胡椒，製作馬鈴薯沙拉。夾入切口塗抹了奶油的麵包卷中。

羊栖菜的熱烤三明治

混合切碎的餃子、泡菜、還原並瀝乾水份的羊栖菜、芝麻油和鹽，用 2 片切去麵包邊的 8 片切厚度吐司製作成 panini 熱烤三明治。

披薩麵包 A

8 片切厚度的吐司切去麵包邊，用擀麵棍壓薄整片麵包。塗抹番茄醬，擺放切碎的餃子和起司，烘烤。

披薩麵包 B

披薩麵包 A 的食材，改用切碎的餃子、切碎的金針菇和杏鮑菇，在整體表面擠上美乃滋後烘烤。

2章
三明治

三明治受到喜愛的原因，就是可以自由的搭配，沒有規則夾什麼都可以…，只要是自己想吃的，完全 Okay！如此充滿自由的心情，令人幾乎忘卻常規持續製作三明治。以結果而言，可以知道「適合白飯的風味，也絕對適合麵包」。不怕誤解坦白來說，「只要不是帶有水份弄得濕答答的材料，夾入麵包中都會很美味」。日式、西式或中式，甚至是異國風味，一旦包進麵包這個溫柔世界時，就會孕育出合適的美味個性。做出美味的三明治，需要注意的只有一件事—「不拘泥常規束縛，無憂無慮地夾入其中吧！」

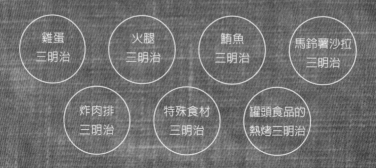

雞蛋三明治　火腿三明治　鮪魚三明治　馬鈴薯沙拉三明治

炸肉排三明治　特殊食材三明治　罐頭食品的熱烤三明治

雞蛋三明治

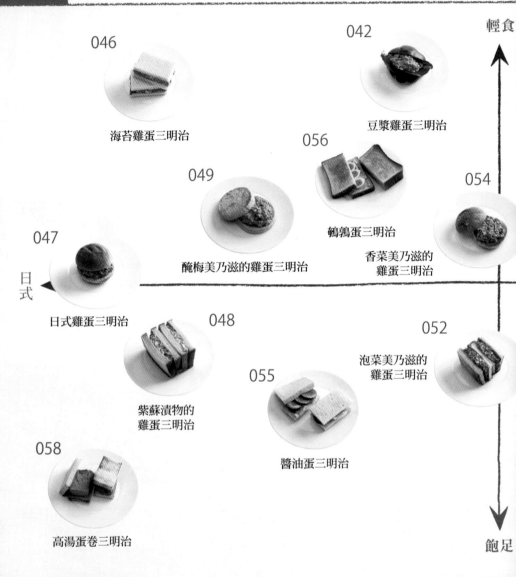

輕食

046
海苔雞蛋三明治

042
豆漿雞蛋三明治

056
鵪鶉蛋三明治

049
醃梅美乃滋的雞蛋三明治

054
香菜美乃滋的
雞蛋三明治

047
日式雞蛋三明治

日式

048
紫蘇漬物的
雞蛋三明治

052
泡菜美乃滋的
雞蛋三明治

055
醬油蛋三明治

058
高湯蛋卷三明治

飽足

　　家庭製作的雞蛋三明治，夾入的是搗碎的水煮蛋混拌美乃滋的內餡，本書也是這樣的類型，但因為特別"研究"試驗了各種的方式，所以不可能只用這樣平凡的作法。

　　因此，加入了許多新鮮登場的基本內餡，有紫蘇醃漬、海苔佃煮、味噌等等。這樣的陣容應該會讓人發出「咦，那樣的食材也行？」而感到驚異，但實際完成，可說是背叛了想像的絕妙滋味。我發現總是被認為西式食物的雞蛋三明治，實際上完全可以發揮出和風的美味。更甚至為了"夾著雞蛋，所以是雞蛋三明治"的說法，試著下了點工

正統的三明治，就是雞蛋三明治，在正統的做法中吹入了新意。混拌、烘煎、包捲。
雞蛋美味的 7 種變化，請大家務必開心地嘗試看看。

044

爽脆雞蛋三明治

045

洋李雞蛋三明治

薄蛋卷三明治

059

041

基本的雞蛋三明治

050
半熟炒蛋的
雞蛋三明治

西式

043

口袋雞蛋三明治

051

優格雞蛋三明治

053

異國風荷包蛋
三明治

057

戈根佐拉歐姆蛋
三明治

夫，做了薄燒蛋卷、太陽蛋、或是中式風味的醬油蛋，連高湯蛋卷都登場了。「結果，無論夾入什麼都非常好吃。即使大家覺得是沒什麼意義的冒險，但若是雞蛋與麵包的黃金組合，就能有很棒的表現。」

此外，麵包到底要不要烘烤，也是讓大家很容易迷惑的部分。「一旦烘烤，味道會變得清晰，更烘托出滋味。嗯，我個人是很喜歡的」

具有衝擊性的食材適合烘烤，食材風味柔和的，可以鬆軟地直接享用 ... 在此誠摯的建議。

041
基本的雞蛋三明治

添加少量砂糖，帶著隱約甜味的基本類型

材料與製作方法

8片切厚度的吐司2片，切去麵包邊，在麵包的單面各別薄薄地塗抹奶油，再塗抹基本餡料（＊1）夾起，對半分切。

（＊1基本餡料）
水煮蛋1個，用叉子細細地搗碎，加入1大匙美乃滋、1/2小匙蔗糖、1小撮鹽、粗磨黑胡椒少許，混合拌勻。

媽媽味‥‥‥❏❏❏

柔和度‥‥‥❏❏

容易製作‥‥❏❏❏

042
豆漿雞蛋三明治

添加了豆漿的內餡，
成品更加清盈爽口

材料與製作方法　基本餡料（＊1）的美乃滋改用
1大匙豆漿取代，製作出內餡。奶油卷1個劃上
切紋，在切面薄薄地塗抹奶油，夾入生菜1片和
內餡。

健康感······🔳🔳🔳
可愛程度····🔳🔳
飽足感······🔳

043
口袋雞蛋三明治

僅僅烘烤，
就是十分具有嚼感的三明治

材料與製作方法　4片切厚度的吐司1片，
對半分切，各別從切面側邊劃入切紋，使
其成為口袋狀，填入基本餡料（＊1）。用
烤箱烘烤1分鐘30秒～2分鐘。

滿足度·······🔳🔳🔳
食用趣味度····🔳🔳
日常感········🔳

044
爽脆雞蛋三明治

在滑順的內餡中
增添口感

材料與製作方法　基本餡料（＊1）中加入
洋蔥（切碎）20g、小黃瓜（切碎）15g。8
片切厚度的吐司2片，切去麵包邊，各別
在麵包單面薄薄地塗抹奶油。塗上餡料後
夾起，斜向對半分切。

食用趣味度‧‧‧‧◻◻◻

容易製作‧‧‧‧‧‧◻◻

健康感‧‧‧‧‧‧‧‧◻

045
洋李雞蛋三明治

洋李的酸甜中，
蘿蔔嬰的辛辣味更具效果

材料與製作方法　基本餡料（＊1）中加入
切碎的洋李1個混拌。8片切厚度的吐司
2片，切去麵包邊，各別在麵包單面薄薄
地塗抹奶油，1片先擺上適量的蘿蔔嬰，
再擺放內餡夾起，對半分切。

特殊感‧‧‧‧‧◻◻

時尚程度‧‧‧‧◻◻◻

大人口味‧‧‧‧◻◻◻

046

海苔雞蛋三明治

濃重鹹甜的佃煮，
讓雞蛋三明治呈現日式風味

材料與製作方法　基本餡料（＊1）中的蔗糖，改
為拌入 1 又 1/2 小匙的海苔佃煮。8 片切厚度的
吐司 2 片，切去麵包邊，各別在麵包單面薄薄
地塗抹奶油。1 片先擺上 1/3 根小黃瓜（斜切成
薄片），再擺放內餡夾起，對半分切。

特殊感‥‥‥‥🔲🔲
日本風‥‥‥‥🔲🔲🔲
容易製作‥‥‥🔲🔲🔲

047

日式雞蛋三明治

紫蘇和茗荷的香氣，
與隱藏於其中的味噌形成絕佳風味

材料與製作方法　基本餡料（＊1）中加入
茗荷（切碎）1/2 個、紫蘇（切絲）2 片，和
味噌 1 又 1/2 小匙，混拌均勻。圓形麵包
1 個橫向對半分切，擺放內餡夾起。

特殊感‥‥‥‥🔲🔲🔲
飽足感‥‥‥‥🔲
健康感‥‥‥‥🔲🔲🔲

048
紫蘇漬物的雞蛋三明治

紫蘇醃漬的鹹味，
為帶著甜味的內餡提味

材料與製作方法　基本餡料（＊1）中加入小黃瓜（切碎）15g、切碎的紫蘇醃漬20g，混拌。8片切厚度的吐司2片，各別在麵包單面薄薄地塗抹奶油，擺放餡料夾起，對半分切。

不可思議感　❏❏❏
熟悉度‧‧‧‧❏❏❏
食用趣味度　❏❏

049
醃梅美乃滋的
雞蛋三明治

風味柔和的雞蛋內餡，
因醃梅的酸味更顯清爽

材料與製作方法　基本餡料（＊1）中加入洋蔥（切碎）20g、小黃瓜（切碎）15g、醃梅（大）1個的梅肉，混拌均勻。英式馬芬1個橫向對切，用烤箱烘烤約2分鐘，夾入內餡。

日本風‧‧‧‧❏❏❏
特殊感‧‧‧‧❏❏❏
醇濃感‧‧‧‧❏

050
半熟炒蛋的
雞蛋三明治

番茄醬風味充滿著懷舊感，
添加了起司的半熟蛋三明治

材料與製作方法　攪散的雞蛋 1 個，加入美乃滋 1 大匙、撕開的卡門貝爾起司（camembert）15g、鹽和粗磨黑胡椒各少許，混合拌勻，製作半熟的炒蛋。英式馬芬 1 個橫向對切，在切面上薄薄地塗抹美乃滋，擺放炒蛋，適量地澆淋番茄醬，夾起內餡。

安心感····🔲🔲🔲
孩童喜好度 🔲🔲🔲
容易製作··🔲🔲

051
優格雞蛋三明治

隱約中的優格酸味，
讓味道更清爽

材料與製作方法　水煮蛋 1 個用叉子細細搗碎，加入優格 1 大匙、蜂蜜 1/3 小匙、橄欖油 1/2 小匙、鹽 1 小撮和少許粗磨黑胡椒混拌。英式吐司（1.5cm 厚）2 片，用烤箱烘烤 2 分鐘，各別在麵包的單面薄薄地塗抹奶油，滿滿均勻地塗抹內餡，夾起對半分切。

特殊感····🔲🔲🔲
健康感····🔲🔲
飽足感····🔲🔲

052
泡菜美乃滋的
雞蛋三明治

泡菜的 "酸辣"，
在柔和的雞蛋風味中更顯突出

材料與製作方法 基本餡料（＊1）中加入小黃瓜
（切碎）15g、切碎的泡菜 20g，混拌均勻。8
片切厚度的吐司 2 片，切去麵包邊，用烤箱烘
烤 2 分鐘。各別在麵包單面薄薄地塗抹奶油，
擺放餡料夾起，對半分切。

刺激感‧‧‧‧🔳🔳🔳

韓流感‧‧‧‧🔳🔳

上癮度‧‧‧‧🔳🔳

053
異國風荷包蛋三明治

大大一口咬下，蛋黃流洩。
搭配辛香味蔬菜

材料與製作方法　在平底鍋中加入少量橄欖油
加熱，放入高麗菜（切絲）2 片、孜然 1 小匙、
各少許鹽和粗磨黑胡椒，拌炒。待高麗菜變軟
後，整合至鍋子中央，敲開雞蛋放在高麗菜上，
蓋上鍋蓋製作出太陽蛋。貝果 1 個橫向對切，
用烤箱烘烤 2 分鐘。麵包切面各別適量地塗抹
美乃滋，夾入太陽蛋高麗菜絲。

大膽程度‧‧‧‧🔳🔳

飽足感‧‧‧‧‧🔳🔳🔳

健康感‧‧‧‧‧🔳

054

香菜美乃滋的
雞蛋三明治

僅僅添加了香菜，
不可思議地充滿了異國風味

材料與製作方法　基本餡料（＊1）中加入
香菜（切碎）4 株，混合拌勻。圓形麵包 1
個橫向對切，用烤箱烘烤 2 分鐘。在麵包
單面各別薄薄地塗抹奶油，夾入內餡。

異國感⋯⋯🔲🔲🔲
容易製作⋯⋯🔲🔲🔲
特殊感⋯⋯🔲🔲

055

醬油蛋三明治

紮實入味的醬油蛋和洋蔥，
是中式漢堡風格

材料與製作方法　在夾鏈密封袋中放入水煮
蛋 1 個、醬油、蠔油各 1 大匙，浸漬一夜。
8 片切厚度的吐司 2 片，切去麵包邊，在
吐司單面各別薄薄地塗抹美乃滋，舖放切
成薄片的洋蔥 1/8 個，排放切成 6 等分厚
度的醬油蛋，夾起，對半切。

中式風⋯⋯🔲🔲🔲
特殊感⋯⋯🔲🔲
容易製作⋯⋯🔲

056
鵪鶉蛋三明治

芹菜的香氣和鰻魚的濃郁，
是充滿前菜感的時尚三明治。

材料與製作方法　美乃滋 1 大匙、5cm 芹菜（除去粗筋纖維切碎）、鰻魚（切碎）1 片、蔗糖 1/2 小匙、粗磨黑胡椒少許，混合拌勻作成內餡。8 片切厚度的吐司 2 片，用烤箱烘烤 2 分鐘，各別在吐司單面薄薄地塗抹奶油。1 片塗抹上內餡，再擺放上對半分切的水煮鵪鶉蛋 3 個，以另一片吐司夾起，對半分切。

可愛程度‥‥‥❏❏❏
前菜感‥‥‥‥❏❏
特殊感‥‥‥‥❏❏

057
戈根佐拉歐姆蛋三明治

戈根佐拉的濃郁搭配上黑胡椒，
是大人們喜愛的成熟風味。

材料與製作方法　攪散的雞蛋 2 個，加入戈根佐拉起司（gorgonzola 切成方塊）20g，各少許的鹽、粗磨黑胡椒，製作出歐姆蛋。英式吐司（2cm 厚）2 片，用烤箱烘烤 2 分鐘，各別在吐司單面薄薄地塗抹奶油，夾入歐姆蛋。

滿足度‥‥‥‥❏❏❏
時尚感‥‥‥‥❏❏
用心程度‥‥‥❏❏❏

058
高湯蛋卷三明治

酥脆的吐司和添加了高湯的雞蛋，
意外的超強組合

材料與製作方法　攪散的雞蛋 2 個，加入
白色高湯 1 小匙、水 1 又 1/2 大匙、蔗糖
1/2 大匙，製作出甜味高湯蛋卷。8 片切厚
度的吐司 2 片，切去麵包邊，先對半分切
後，用烤箱烘烤約 1 分鐘 30 秒。各別在
吐司單面薄薄地塗抹奶油，分別擺放對半
分切的高湯蛋卷，夾起即可。

京都感‧‧‧‧‧ ∎∎∎
特殊感‧‧‧‧‧‧ ∎
優雅程度‧‧‧‧ ∎∎∎

059
薄蛋卷三明治

就像夾入了可麗餅般，
法式風格的可頌三明治

材料與製作方法　平底鍋中加入少許橄欖油加
熱，用 1 個攪散的雞蛋製作薄片蛋卷。在蛋皮
上擠適量美乃滋、各少許的鹽和粗磨黑胡椒、
撒上黑橄欖（去核切成薄片）6 顆，捲起成薄
蛋卷。可頌麵包 1 個劃入切紋不切斷，夾入捲
起的薄蛋卷。

法國風‧‧‧‧ ∎∎∎
時尚感‧‧‧‧ ∎∎∎
特殊感‧‧‧‧ ∎∎

火腿三明治

輕食

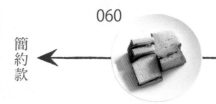

062

火腿麵包卷

簡約款

060

The 火腿三明治

061

緊實飽滿的
火腿三明治

066

火腿高麗菜三明治

飽足

火腿並沒有太多種類，里脊或腿肉？的差異，在夾入麵包後，只是微乎其微。那麼，會產生明顯不同的就是生火腿了吧。「若要說在此部分，最重要的事，就是分切的方法。大方地厚切、或是薄片切、切成骰子狀的方塊。因為口感的變化，也會帶

來相當不同的風味。再者，更要考量搭配的食材。基本的萵苣生菜，還有高麗菜；再或者是中式沙拉等，或是更多的蔬菜混搭...」。但，在此突然讓我停手，這樣下去就不是火腿三明治，而變成了"火腿沙拉三明治"了！因此，沙拉的食材減至最低限

以火腿為主角時，究竟能表現多大的美味呢？規則是 "要跳脫沙拉的範圍"。
在極度的煩惱中，靈光乍現地推出 8 道自信之作的火腿三明治。

065

生火腿櫛瓜麵包卷

064

骰子方塊火腿三明治

變化款

063

火腿排三明治

067

中式涼拌開放式
三明治

度，再重新思考搭配。意外的盲點是 "加熱火腿"。將火腿切成肉片般的厚度，烘煎成金黃焦香，沾裹醬汁。不加入蔬菜，單是火腿本身的美味就足以勝出，感覺是不枉號稱為男性的火腿三明治之名。「再加上使用牙籤做成糖果樣式的款式，也深受小朋友們喜歡，還開發了捲入櫛瓜的食譜。阻絕了與沙拉混淆不清的誘惑，反而得到更多視覺上的變化組合，呈現更令人樂在其中的結果」

060
The 火腿三明治

小黃瓜 & 火腿的經典三明治，
黃芥末是關鍵重點

材料與製作方法　8 片切厚度的吐司 1 片，混合奶油 5g 和粒狀黃芥末 1/3 小匙塗抹在表面，擺放斜切成薄片的小黃瓜 10 片、火腿 2 片（參考照片）。另一片吐司的單面薄薄地塗抹美乃滋，夾起後切成 4 等分。

安定感‧‧‧‧‧‧□□□
輕食感‧‧‧‧‧‧□□□
易於享用‧‧‧‧□□□

061
緊實飽滿的火腿三明治

以孜然與黑胡椒作為香料。
滿滿地填入火腿絲

材料與製作方法　4 片切厚度的吐司 1 片，對半分切，各別從切面處劃入切紋，使其成為口袋狀。切成絲細的火腿 3 片，混合各少許的鹽、粗磨黑胡椒、孜然 1/3 小匙、橄欖油 1/2 小匙，填入口袋中。

充足肉食感 ‧‧‧‧‧□□
特殊感‧‧‧‧‧‧‧‧□□□
也可以烘烤◎ ‧‧‧□□□

062
火腿麵包卷

能同時嚐到萵苣生菜
和火腿的美味

材料與製作方法 8片切厚度的吐司1片，單面塗抹混拌了奶油5g和少許的日式黃芥末，擺放瀝乾水份的萵苣生菜1片和火腿1片。包捲後為固定地用手指壓扁麵包的一端（參考照片），從未按壓的一端捲起。包覆保鮮膜，置於冷藏固定約30分鐘使其入味，切成4等分，刺入牙籤。

時尚程度 ⋯⋯⋯ ❒❒
孩童喜好度 ⋯⋯ ❒❒❒
視覺衝擊度 ⋯⋯ ❒

063
火腿排三明治

火腿烘煎後，大幅提升"肉食感"。
用巴薩米可醬汁完成濃郁美味

材料與製作方法 在平底鍋中放入橄欖油2小匙加熱，烘煎撒上適量粗磨黑胡椒，1cm厚的里脊火腿60g。待兩面烘煎至呈金黃色後，放入巴薩米可醋3大匙和奶油10g使其沾裹均勻，熄火。劃入切紋但不切斷的12cm法式長棍烘烤約2分鐘，使殘留在平底鍋中的醬汁滲入切面後，夾入火腿。

飽足度 ⋯⋯⋯⋯ ❒❒❒
男性接受度 ⋯⋯ ❒❒
時尚度 ⋯⋯⋯⋯ ❒❒

064
骰子方塊火腿三明治

骰子狀火腿塊，
越咀嚼越能體會彈牙的樂趣

材料與製作方法 將切成 1cm 方塊的厚切里脊火腿 40g、切成粗粒的甜椒 1/4 個放入缽盆中，放入橄欖油 1 小匙、撕碎的羅勒葉 3 片、各少許的鹽、胡椒，混拌均勻。夾入橫向對切後烘烤約 2 分鐘的英式馬芬中。

可愛程度 ‧‧‧‧🥯🥯🥯

健康感 ‧‧‧‧‧‧🥯🥯

易於享用 ‧‧‧‧🥯

065
生火腿櫛瓜麵包卷

用櫛瓜使奶油起司和生火腿的濃郁
變得清新爽口

材料與製作方法 8 片切厚度的吐司 1 片，切去麵包邊，用擀麵棍薄薄地擀壓。單面塗抹奶油起司 10g，擺放生火腿約 10g、撕碎的蒔蘿 1 枝、切成 6 等分月牙狀的櫛瓜 10cm，取 1 根作為中芯地捲起，兩端用牙籤固定。牙籤外露的部分用鋁箔紙包覆（參考照片），烘烤約 2 分鐘，取下牙籤。從中央對切。

時尚程度 ‧‧‧‧‧‧‧‧‧‧‧🥯🥯

「搭配葡萄酒」適合度 ‧‧‧🥯🥯🥯

易於享用 ‧‧‧‧‧‧‧‧‧‧‧🥯🥯

066
火腿高麗菜三明治

火腿、高麗菜和美乃滋，
在口中融為一體

材料與製作方法　8 片切厚度的吐司 1 片，擺放火腿 2 片（參考照片），另一片以單面薄薄地塗抹奶油的吐司覆蓋包夾（塗抹奶油的面朝下）。之後於表面擺放用鹽揉搓過的切絲高麗菜 2 片、擠上美乃滋適量，撒上少許的粗磨黑胡椒，烘烤 2 分鐘 30 秒～ 3 分鐘。

飽足度‧‧‧‧‧‧‧🍞🍞🍞
視覺火腿感‧‧‧‧無
特殊感‧‧‧‧‧‧‧🍞🍞

067
中式涼拌開放式三明治

小黃瓜和火腿的經典組合，
用中式做出清爽的搭配

材料與製作方法　火腿 2 片切成細條，縱向對切的小黃瓜 6cm 切成細絲狀。攪散的雞蛋中加入蔗糖 1/2 大匙，製作成炒蛋。在缽盆中放入火腿、小黃瓜、炒蛋、中式沙拉醬 1 大匙、米醋 1 小匙，混拌均勻，擺放在一片縱向劃上一刀切紋，並烘烤約 2 分鐘的山型吐司（2cm 厚）上。食用時，沿著切紋對折，就是三明治了。

夏天感‧‧‧‧‧‧‧🍞🍞🍞
中式風‧‧‧‧‧‧‧🍞🍞
視覺衝擊度‧‧‧‧🍞

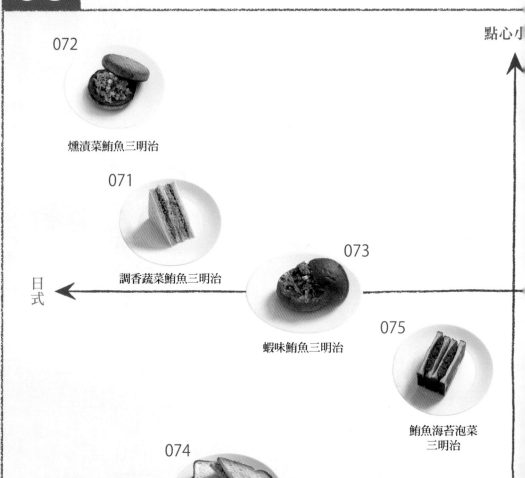

點心小

072
燻漬菜鮪魚三明治

071
調香蔬菜鮪魚三明治

073
蝦味鮪魚三明治

075
鮪魚海苔泡菜
三明治

074
芝麻味噌鮪魚三明治

日式

正餐

「以前，我就是個相當喜歡鮪魚三明治的孩子。這次，以『如果是這樣的鮪魚三明治，好希望可以出現在便當盒啊』的孩童觀點來看，並且從成年人對鮪魚三明治的想法，熱衷地進行研究」。不僅用麵包，還能作為飯糰的食材，或是海苔卷的鮪魚，其實這是日本人喜歡的風味，應該不會有人反對吧。但缺點是口感過於單調，所以經常與美乃滋一起混合搭配，也因為這樣的關係，鮪魚總是與油膩脫不了關係。長大後，也會有

正因為喜歡鮪魚，所以不能妥協。這是賭上尊嚴的挑戰。
運用發揮長處的同時，也包容其缺點。美味的關鍵就在於口感！

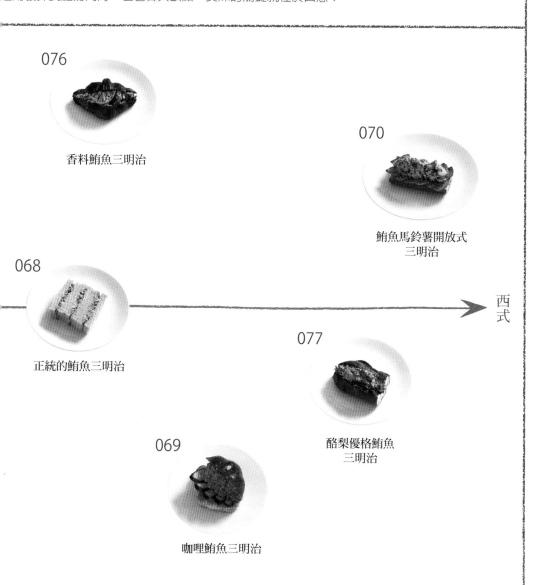

076

香料鮪魚三明治

070

鮪魚馬鈴薯開放式
三明治

068

正統的鮪魚三明治

077

酪梨優格鮪魚
三明治

069

咖哩鮪魚三明治

西式

想要嚐嚐爽口鮪魚三明治的時候，「當時，和在此使用的鮪魚一樣，都是無油脂、適合大人的清爽風味，也想出用瀝去水份的優格取代美乃滋的食譜。這種清新爽口的酸味，希望大家都務必一試」。另外，為了變化單調的口感，也夾入爽脆的水菜等蔬菜；或是在鮪魚中添加小黃瓜、芹菜、堅果，更甚者將醃漬物添加於其中...。用心地希望一份鮪魚三明治吃到最後，都能不膩口又能感覺到多樣豐富的節奏。

068
正統的鮪魚三明治

屬於簡約樸質的正統風味，
洋蔥的口感就是亮點

材料與製作方法　8 片切厚度的吐司 2 片，切
去麵包邊，各別在麵包單面薄薄地塗抹奶油。
在缽盆中放入鮪魚（＊2）、美乃滋 3 大匙、
鹽和胡椒各少許、切成粗粒的洋蔥 2 大匙，混
拌均勻，夾入吐司中，分切成 3 等分。

（＊2 鮪魚的分量）
鮪魚是使用無油型的鮪魚罐頭。1 罐的
總重量是 70g，瀝去湯汁使用約 50g。

安定感‥‥‥‥🍞🍞🍞
簡單程度‥‥‥🍞🍞
飽足感‥‥‥‥🍞

069
咖哩鮪魚三明治

散發蒜香的咖哩風味，
嗆辣的美味！

材料與製作方法　在缽盆中放入鮪魚（＊
2）、美乃滋 3 大匙、磨成泥狀的大蒜 1/2
瓣、咖哩粉 1 小匙，混合拌勻。麵包卷 1
個劃入切紋不切斷，在切面薄薄地塗抹奶
油，夾入斜切薄片的小黃瓜 5 片和鮪魚
餡料。

原來如此！‧‧‧‧‧‧‧‧🍱🍱
衝擊力‧‧‧‧‧‧‧‧‧‧‧🍱🍱🍱
超乎外觀的分量感‧‧‧‧🍱🍱

070
鮪魚馬鈴薯開放式三明治

清爽芹菜格外醒目，
是時尚的開放式三明治

材料與製作方法　在平底鍋中加熱橄欖油 2
小匙，香煎切成半月型 3mm 厚的馬鈴薯片
12 片。在缽盆中放入鮪魚（＊2）、美乃滋 3
大匙、切成片狀的芹菜莖 5cm、鹽和黑胡椒
各少許、混拌均勻。在法式長棍（12cm 橫向
對半切）切面排放馬鈴薯片、撒上鹽和黑
胡椒各少許，再放上鮪魚餡料。

優雅程度 ‧‧‧‧‧‧‧🍱🍱
易於享用 ‧‧‧‧‧‧‧🍱
葡萄酒適合度 ‧‧‧‧🍱🍱🍱

071
調香蔬菜鮪魚三明治

藉著混入大量的調香蔬菜，
豐富了滋味的鮪魚三明治

材料與製作方法　切去麵包邊的 8 片切厚度吐司
2 片，各別在麵包單面薄薄地塗抹奶油。在缽盆
中放入鮪魚（＊2）、美乃滋 3 大匙、醬油 1/2
小匙、紫蘇葉 1 片、茗荷 1/2 個、薑 1/2 片（全
部切碎）混合拌勻，夾入麵包中，斜向對半切。

清淡爽口感 ···· ❑❑
日本風 ········ ❑❑❑
新標準度 ······ ❑❑

072
燻漬菜鮪魚三明治

太過樸質？不不不，
煙燻香氣的風味才是絕妙美味

材料與製作方法　在缽盆中放入鮪魚（＊2）、
美乃滋 3 大匙、切成粗粒的燻漬蘿蔔 20g（秋
田縣的特產，煙燻乾燥製成）、洋蔥末 1 又
1/2 大匙，混合拌勻。英式馬芬橫向對切，
用烤箱烘烤約 2 分鐘後，夾入餡料。

秋田感 ···· ❑❑❑
驚喜度 ···· ❑❑
上癮度 ···· ❑❑❑

073
蝦味鮪魚三明治

在口中擴散的香氣風味。
蝦的香氣也增添了亞洲風格

材料與製作方法　圓形麵包1個橫向對切。在缽盆中放入鮪魚（＊2）、美乃滋1大匙、櫻花蝦2大匙、魚露1/2小匙，切成細末的香菜2株，混合拌勻。在下側的麵包切面薄薄地塗抹奶油，擺放餡料，撒上少許粗磨黑胡椒，包夾即可。

異國風味感 ‥‥■■□
海味感‥‥‥‥‥■■□
滋味豐富度 ‥‥■■■

074
芝麻味噌鮪魚三明治

濃郁的鮪魚醬，
藉著蘿蔔嬰的辛辣而清新爽口

材料與製作方法　在缽盆中放入鮪魚（＊2）、美乃滋3大匙、味噌1又1/2小匙、炒香白芝麻2小匙，混合拌勻。山型吐司（1.5cm厚）2片薄薄地塗抹奶油，夾入鮪魚餡料和切去根部的蘿蔔嬰1/2盒，斜切完成。

濃郁度 ‥‥■■■
特殊感 ‥‥■■□
滿足度 ‥‥■■□

075
鮪魚海苔泡菜三明治

鮪魚醬的深層滋味。
秘密就在於泡菜 & 海苔佃煮

材料與製作方法　在缽盆中放入鮪魚（＊2）、美乃滋 3 大匙、切碎的泡菜 30g、海苔佃煮 2 小匙、切成粗粒的小黃瓜 3cm、芝麻油 1/2 小匙，混合拌勻。用烘烤約 2 分鐘 8 片切厚度的吐司 2 片夾起，對半分切。

辛辣度・・・・・□□□

味道深度・・・・□□□

特殊感・・・・・・□□□

076
香料鮪魚三明治

洋蔥薄片讓口感升級。
孜然香味充滿異國風格

材料與製作方法　在缽盆中放入鮪魚（＊2）、美乃滋 4 大匙、切碎的綜合堅果 20g、孜然 1 小匙、切成片狀的洋蔥 1/16 個、醬油 1/2 小匙，混合拌勻，用劃入切紋不切斷的可頌麵包 1 個將餡料夾入。

特殊感・・・・・・□□□

食用趣味度・・□□□

無國籍感・・・・□□□

077
酪梨優格鮪魚三明治

不使用美乃滋，
以瀝去水份的優格減少卡路里

材料與製作方法

在缽盆中放入鮪魚（＊2）、瀝去水份的優格（放入舖有廚房紙巾的濾網，放置 30 分鐘，參考照片）3 大匙、蜂蜜、醬油各 1/2 小匙混合拌勻，加入切成小方塊狀的酪梨 1/4 個混拌。水菜 1 株切成 4cm 長段，12cm 法式長棍，劃入切紋不切斷，舖放水菜，再夾入餡料。

特殊感 ‥‥ ◻◻　　健康感 ‥‥ ◻◻◻　　時尚感 ‥‥ ◻◻◻

馬鈴薯沙拉三明治

輕食 ↑

078

The 馬鈴薯沙拉
三明治

083

鹹辣昆布的
馬鈴薯沙拉三明治

← 溫和口味

080

味噌馬鈴薯沙拉
三明治

柴魚馬鈴薯沙拉
三明治

081

正餐 ↓

　　馬鈴薯富含碳水化合物，用同樣是碳水化合物的小麥製成的麵包夾入馬鈴薯，碳水化合物＋碳水化合物的美味，會讓人瞬間忘了節食瘦身，充滿無法言喻魅力的美味組合。「也因為能長時間維持飽足感，吃一個就能填飽肚子，也是令人開心的重點。此外，馬

鈴薯本身並沒有太過凸出特徵的氣味，所以可以藉由混拌的食材，變化出各種風味」。若混拌了酸橙醋醬油，除了馬鈴薯的柔和甜味之外，隱約中更能品味出日式風格。添加了肉末味噌，就是不可思議的中式風味。此次的研究，無論什麼樣的食材都能大方充足

常吃的菜色＝馬鈴薯沙拉，以這令人安心的風味為基礎，追求嶄新的變化，
開發出新式的馬鈴薯沙拉，只用於三明治太可惜了！！

082

核桃柚子胡椒的
馬鈴薯沙拉三明治

079

鰻魚橄欖的
馬鈴薯沙拉三明治

風味十足

084

担担風的
馬鈴薯沙拉三明治

日耳曼咖哩的
馬鈴薯沙拉三明治

085

地夾入，確實達到飽足感 ...，相信會讓大家重新感受到馬鈴薯千變萬化的融合程度。

提到馬鈴薯沙拉，可以說是日本餐桌上最熟悉的小菜，也是令人感到放心的菜色。若要說其中的不足之處為何？就是刺激吧。因此在這個研究中，打安全牌的馬鈴薯沙拉，

要如何不動聲色地增加特殊感，就是最重要的課題。「柚子胡椒、鹽昆布、柴魚片、韓式辣醬。試著混合後，除了能夠提味，馬鈴薯的柔和風味也同時能融合全體，最後得到的是征服全場的馬鈴薯。」

078
The 馬鈴薯沙拉三明治

基本的馬鈴薯沙拉，直接包夾就足夠好吃了！

材料與製作方法　在作成薯泥的馬鈴薯（＊3）中，添加美乃滋 3 大匙、鹽 2 小撮、粗磨黑胡椒少許、切成圓片的小黃瓜 1/4 根、切成薄片沖水並瀝乾水份的洋蔥 1/8 個、切成細絲的火腿 1 片，均勻混拌。以 8 片切厚度的吐司 2 片夾起，再斜向對半分切。

> （＊3馬鈴薯沙拉的基本（做成薯泥的馬鈴薯））馬鈴薯 1 個（約 100g）蒸煮至竹籤可以輕易刺入的程度（約 25 分鐘），趁熱剝去表皮搗碎（沒有蒸鍋時，在鍋中同時放入水和馬鈴薯，煮至沸騰後再以中火約煮 15 分鐘。或是將馬鈴薯用濡濕的廚房紙巾包覆，再鬆鬆地包裹保鮮膜，以 600W 的微波爐加熱約 5 分鐘）。

飽足感‧‧‧‧🔳🔳🔳　　安定感‧‧‧‧🔳🔳🔳　　簡單程度‧‧‧‧🔳🔳🔳

079
鯷魚橄欖的
馬鈴薯沙拉三明治

以鯷魚提味的馬鈴薯沙拉，
是一款沒有美乃滋的清爽口味

材料與製作方法　在作成薯泥的馬鈴薯（＊3）中，添加切碎的鯷魚 2cm、切成薄片的黑橄欖（去核）20g、鹽 2 小撮、橄欖油 1 大匙，均勻混拌。可頌麵包 1 個劃入切紋不切斷，包夾餡料。

時尚感‧‧‧‧‧‧‧‧‧‧‧🔳🔳

輕食感‧‧‧‧‧‧‧‧‧‧‧🔳🔳

「搭配葡萄酒」適合度‧‧‧‧🔳🔳

080
味噌馬鈴薯沙拉三明治

加入味噌和調香蔬菜，
增添了恰到好處日式和風的濃郁感

材料與製作方法　在作成薯泥的馬鈴薯（＊3）中，添加味噌 2 小匙、美乃滋 2 大匙、切碎的茗荷 1/2 個、切碎的紫蘇 2 片，均勻混拌。圓形麵包 1 個橫向對切。下側麵包切面擺放餡料，用烤箱烘烤 2 分鐘，覆蓋上沒有烘烤的上側麵包。

日本風‧‧‧‧‧‧◨◨◪
健康感‧‧‧‧‧‧◨◨◪
成癮度‧‧‧‧‧‧◨◨◪

081
柴魚馬鈴薯沙拉三明治

有著小松菜輕新口感，
酸橙醋風味的馬鈴薯沙拉

材料與製作方法　在作成薯泥的馬鈴薯（＊3）中，添加略蒸熟並切成粗粒的小松菜 1 棵、酸橙醋 2 小匙、美乃滋 1 大匙、柴魚片 5g，均勻混拌。8 片切厚度吐司 2 片，切去麵包邊，單面各薄薄地塗抹美乃滋後夾起，對半分切。

日本風‧‧‧‧‧‧‧◨◨◨
特殊感‧‧‧‧‧‧‧◪
輕盈爽口感‧‧‧‧◨◨

082
核桃柚子胡椒的
馬鈴薯沙拉三明治

略感辛辣，
呈現柚子胡椒柔和的刺激感

材料與製作方法　在作成薯泥的馬鈴薯（＊3）中，添加切碎的核桃（烘烤過的）20g、柚子胡椒1/3小匙、美乃滋2大匙、鹽1小撮、均勻混拌。用烘烤過8片切厚度的吐司2片夾起，對半分切。

輕食感‧‧‧‧‧‧■■
食用趣味度‧‧■■■
特殊感‧‧‧‧‧‧■■

083
鹹辣昆布的
馬鈴薯沙拉三明治

以鹽昆布的風味，
帶出馬鈴薯的醍醐味

材料與製作方法　在作成薯泥的馬鈴薯（＊3）中，添加鹽昆布5g、切碎青蔥1根、七味粉1/3小匙、美乃滋1大匙，均勻混拌。圓形麵包劃入切紋不切斷，烘烤約2分鐘後包夾餡料。

日本風‧‧‧‧‧‧■■
原來如此！‧‧‧■■
味道深度‧‧‧‧‧■■

084
擔擔風的
馬鈴薯沙拉三明治

甜辣的肉末味噌，
不止是下飯，更是 "很搭麵包的滋味"

材料與製作方法　在平底鍋中加熱 2 小匙芝麻油，放入雞絞肉 80g、切碎的長蔥 7cm、芝麻醬 2 大匙、韓式辣醬 3 小匙、酒 2 大匙、鹽 1 小撮，拌炒製作成肉末味噌，與作成薯泥的馬鈴薯（＊3）混拌。麵包卷 1 個劃入切紋不切斷，在切面塗抹適量奶油，夾入適量的青花菜芽（broccoli sprouts）和餡料。

衝擊力‧‧‧‧🔲🔲🔲

飽足感‧‧‧‧🔲🔲

成癮度‧‧‧‧🔲🔲🔲

085
日耳曼咖哩的
馬鈴薯沙拉三明治

香脆的培根很美味，是咖哩風味的德式馬鈴薯

材料與製作方法　在平底鍋中加熱 1 大匙橄欖油，放入切成細條狀的培根 30g，拌炒至呈現金黃色。加入切成細條的馬鈴薯 1/2 個，拌炒至熟透後，加入咖哩粉、蠔油各 1 小匙，混拌全體，再以各少許的鹽和胡椒調味。山型吐司（2cm 厚）1 片，縱向劃上切紋，烘烤約 2 分鐘後擺放食材，擠上適量的美乃滋。食用時，沿著切紋對折成三明治。

德國風‧‧‧‧‧‧‧‧‧🔲

馬鈴薯沙拉感 ‧‧‧‧ 無

男性接受度 ‧‧‧‧‧‧🔲🔲🔲

炸肉排三明治

酥酥脆

090

炸薑汁豬排三明治

086

日式

炸牛排三明治

088

味噌炸豬排三明治

美味多

　　三明治雖然屬於輕食的範疇，可是一旦包夾肉類就會增加"正餐感"，讓人心情士氣隨之提高。在此使用的是以正統的豬肉為主，還有雞肉、牛肉等，用肉類沾裹麵衣油炸，夾入麵包中開心享用。「炸肉排上澆淋醬汁直接用當然也很好，但醬汁滴落或在外享用時，還要特別另外準備醬汁等，麻煩的地方很多。在此想要推薦給大家的是"肉類本身就已調味"的做法」。咬下一口，肉排中的肉汁滋～地絕妙美味，在口中擴散的喜悅，是無可取代的幸福感。肉排三明治的醍醐味，在此極致呈現。更仔細地來說，是具豐盛感的肉排三明治。完全可以作為一道菜享用的肉排與和麵包一起包夾，在思考方法上必須要做些微的改變是我的新發現。

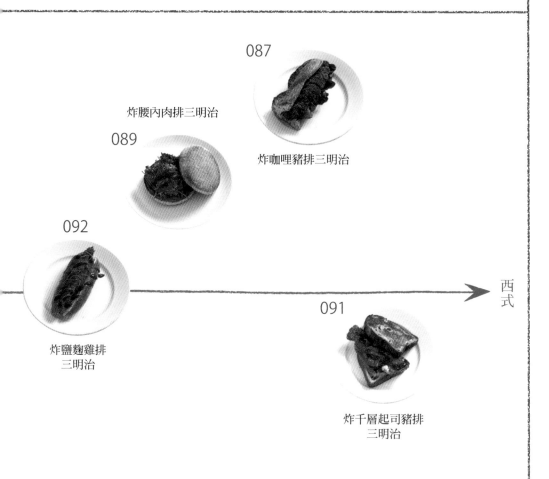

087

炸腰內肉排三明治

089

炸咖哩豬排三明治

092

西式

091

炸鹽麴雞排
三明治

炸千層起司豬排
三明治

考慮到"咬斷的容易度"。厚且紮實的一片肉排，分量確實無話可說，充足又美味。但若是無法咬斷，拉扯間肉排就外露，從麵包間掉出，就很容易引發「只好先將肉排吃完了...」的悲慘狀況。「因此，先敲打切斷纖維，就會變得容易咬斷。利用醃漬材料，使肉類變得柔軟。層疊薄切肉片...等，在各方面多一點步驟，就能達到讓"肉排"三明治吃到最後都能均衡的工夫，是我們在各方面的用心」

086
炸牛排三明治

蒜香風味的柔軟牛肉，
蘸山葵醬油更爽口

材料與製作方法

牛腿肉排 120g 浸漬在奇異果醬汁（奇異果泥 1 個、蒜泥 1 瓣、醬油和蔗糖各 1 大匙、芝麻油 1 小匙、鹽和胡椒各少許）中醃漬 3～6 小時後，沾裹麵衣、油炸（＊4）。烤烘約 2 分鐘 8 片切厚度的吐司 2 片，單面塗抹適量美乃滋，擺放萵苣生菜和肉排夾起，切成 3 等分。在各別切面上綴以少量山葵，邊蘸取山葵醬油邊享用。

（＊4 麵衣的沾裹方法和油炸方法）
肉排表面薄薄撒上麵粉，沾滿蛋液後，再均勻撒上麵包粉。肉排油炸時，先以 160～170℃的中溫，待炸至金黃色澤時，翻面，再炸約 5～6 分鐘（只有炸牛肉排時略減少 2 分鐘）。最後，轉為大火用 180℃高溫炸至酥脆，最後確實瀝乾油脂！

奢華感‥‥‥❑❑❑　　意外的爽口感‥‥‥❑❑❑　　大人口味‥‥‥❑❑❑

087
炸咖哩豬排三明治

撒上咖哩粉油炸的肉排，
不需要醬汁，很適合便當

材料與製作方法　豬里脊肉排 100g，用菜刀的刀背等敲打肉排，將纖維切短（肉會變柔軟，也更容易均勻受熱，參考照片），浸漬在咖哩醬汁（咖哩粉 1/2 小匙、蠔油 1/2 大匙、五香粉 1/3 小匙、酒 1 大匙）中醃漬約 30 分鐘。沾裹麵衣、油炸（＊4）。在 12cm 法式長棍上劃入切紋不切斷，切面塗抹適量奶油，夾入適量西洋菜和炸肉排。

孩童喜好度 ‥‥‥◘◘
新標準度 ‥‥‥‥◘◘
飽足感 ‥‥‥‥‥◘◘

088
味噌炸豬排三明治

鹹甜的濃厚味噌風味十足。
建議多放些高麗菜

材料與製作方法　豬里脊肉排 100g 兩面各撒上少許鹽、胡椒，靜置約 10 分鐘。用廚房紙巾拭去釋出的水份，沾裹麵衣、油炸（＊4）。烤烘約 2 分鐘 8 片切厚度的吐司 2 片，薄薄地塗抹美乃滋，擺放適量的高麗菜絲和炸肉排，澆淋味噌醬（★）1 大匙，包夾成三明治。＜★味噌醬的製作方法（方便製作的分量）＞八丁味噌 30g、味醂、米醋各 1 大匙、蔗糖 2 大匙放入鍋中混拌，以小火略煮至微微沸騰。

醇濃感 ‥‥‥‥◘◘
名古屋感 ‥‥‥◘◘◘
美味多汁感 ‥‥◘◘◘

089
炸腰內肉排三明治

利用美乃滋的紅蘿蔔沙拉，
在經典的腰內肉排上多花點工夫

材料與製作方法　豬腰內肉 2 片（20g×2）兩面各撒上少許鹽、胡椒，靜置約 10 分鐘。用廚房紙巾拭去釋出的水份，沾裹麵衣、油炸（＊4）。紅蘿蔔絲 1 小撮混拌美乃滋 1 大匙、粒狀黃芥末 1 小匙。烤烘過橫向對切的英式馬芬 1 個，夾入紅蘿蔔和炸肉排。

安心感‥‥‥🞏🞏🞏
酥脆感‥‥‥🞏🞏
特殊感‥‥‥🞏

090
炸薑汁豬排三明治

薑汁燒肉直接變身成炸肉排。
美乃滋的柔和風味隱約中提味

材料與製作方法　豬里脊肉（薑汁燒肉用）1 片，用薑汁燒肉醬汁（酒、味醂、醬油各 2 大匙、蜂蜜、芝麻油各 1/2 大匙、薑泥少許、蒜泥 1 瓣的用量）醃漬 30 分鐘～ 1 小時，沾裹麵衣、油炸（＊4）。8 片切厚度的吐司 1 片，薄薄地塗抹適量的美乃滋，擺放炸肉排後，再覆蓋另一片吐司。

安心感‥‥‥‥🞏🞏
簡單程度‥‥‥🞏🞏
新標準度‥‥‥🞏🞏🞏

091
炸千層起司豬排三明治

從肉片間流洩出稠濃軟滑的起司。
葡萄乾的酸甜也是重點

材料與製作方法　豬里脊薄片肉 3 片，各別單面撒上少許鹽、胡椒。起司 1 片對切，順著豬肉→起司的順序交錯層疊，沾裹麵衣、油炸（＊4），山型葡萄乾吐司（2cm 厚）2 片烘烤約 2 分鐘，在其中 1 片上擺放炸肉排，適度澆淋中濃豬排醬，再覆蓋另一片葡萄乾吐司，包夾成三明治。

西式洋食度 ····□□
用心程度 ······□□□
醇濃感 ········□□

092
炸鹽麴雞排三明治

用鹽麴使雞肉口感潤澤柔軟。
番茄醬和黃芥末醬更營造出點心的感覺

材料與製作方法　將除去筋膜的雞里脊肉 1 片和鹽麴 2 大匙放入夾鏈密封袋，置於冷藏室靜置一夜。雞里脊從袋中取出沾裹麵衣、油炸（＊4）。熱狗麵包劃入切紋後，夾入炸肉排，澆淋適量的番茄醬和黃芥末。

孩童喜好度 ····□□□
特殊感 ········□□
柔軟多汁感 ····□□

特殊食材三明治

因為說「無論做什麼都 OK」，所以任由想像的翅膀延展飛翔的結果，就是這個單元。這樣的三明治，應該會想吃吃看吧？

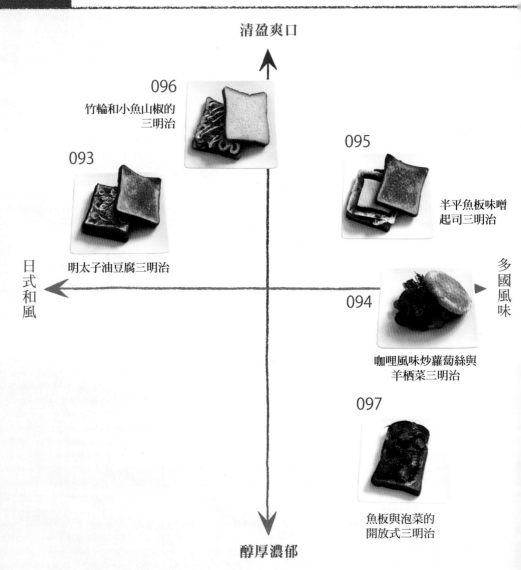

清盈爽口

096
竹輪和小魚山椒的三明治

093

095
半平魚板味噌起司三明治

日式和風

明太子油豆腐三明治

094

多國風味

咖哩風味炒蘿蔔絲與羊栖菜三明治

097

魚板與泡菜的開放式三明治

醇厚濃郁

　　若是突然說「什麼都可以，試著用自己喜歡的材料做做看」，會相當傷腦筋吧？當然，也不是突發奇想就一定是好的，關於美味絕對不容妥協。在這樣的困惑迷思中，醞釀出 5 種較不常見食材的三明治。「總之，到

目前為止，是沒有人用在三明治的材料…，這樣的情況，自然是日式食材較多」。當然只用日式食材夾入會很突兀，美乃滋、咖哩或起司等，添加這些很適合搭配麵包的食材，不但嶄新又能確實呈現美味才是重點。

093
明太子油豆腐三明治

黃金香酥的油豆腐和吐司，用明太子風味呈現二種香氣

材料與製作方法
油豆腐橫向對半分切，在切面劃入格狀切紋（參考照片），用烤魚網架烘烤至呈黃金色澤（油豆腐大於麵包時則切成合適的尺寸）。8 片切厚度的吐司 2 片，在單面各塗抹適量美乃滋，烘烤約 2 分鐘。將油豆腐的切面朝上擺在 1 片吐司上，再擺放攪散的明太子 1/3 條、切成蔥花的長蔥 5cm、澆淋醬油 1/2 小匙，覆蓋上另一片吐司，夾成三明治。

青蔥發揮度 ····◧◻　日本風 ····◧◻◻　特殊感 ····◧◻◻

094
咖哩風味炒蘿蔔絲與
羊栖菜三明治

與麵包截然不同的口感也是樂趣，
硬脆嚼感是咖哩風味的蘿蔔乾

材料與製作方法　在平底鍋中放入 1 大匙橄
欖油、細條狀培根 20g、切碎的大蒜 1/2 瓣
加熱。待培根出現金黃色時，放入用水泡開
並擰乾水份的蘿蔔乾約 10g，一起拌炒，再
加入用水泡開並擰乾水份的羊栖菜約 20g、
蠔油 1 小匙、番茄醬 1 大匙、咖哩粉 1/2 小
匙，混合拌炒。英式馬芬 1 個橫向對切，烘
烤約 2 分鐘。各別在切面上塗抹 1 小匙的美
乃滋，夾入適量的西洋菜和拌炒好的食材。

上癮度‧‧‧‧‧‧‧◨◨◻
無國籍感‧‧‧‧‧◨◻◻
食用趣味度‧‧‧‧◨◨◨

095
半平魚板味噌起司三明治

爽脆的麵包和軟綿的半平魚板。
稠濃軟滑的起司發揮了整合作用

材料與製作方法　平底鍋中倒入少許芝麻油，將半平
魚板 1/2 片（＝橫向對切）煎至兩面金黃。烘烤 8 片
切厚度的吐司 2 片。1 片的單面塗抹 1 小匙美乃滋，
擺放沙拉用生菜 1 片，再疊放剛煎好熱熱的半平魚
板，上面再塗抹 1/2 小匙的味噌，再擺放 1/4 片海苔、
起司 1 片，覆蓋上另一片吐司，作成三明治。

食用趣味度‧‧‧‧◨◨◨
和洋折衷感‧‧‧‧◨◨◻
特殊感‧‧‧‧‧‧‧◨◨◨

096
竹輪和小魚山椒的三明治

日式小菜中熟悉慣用的食材。
利用美乃滋的力量將風味融合為一

材料與製作方法　8 片切厚度的吐司 2 片，各別在單面薄薄地塗抹奶油，1 片擺放斜切成片狀的小黃瓜 1/2 根、切成圓圈片狀的竹輪 1 根，3 大匙小魚山椒，擠上適量的美乃滋，再覆蓋另一片吐司，作成三明治。

食用趣味度 ‥‥ □□
美味的層次 ‥‥ □□
日本風 ‥‥‥‥ □□

097
魚板與泡菜的開放式三明治

拌炒過的泡菜具有恰到好處的柔和風味。
與淡淡甜味的魚板十分匹配

材料與製作方法　在平底鍋中放入 1 大匙芝麻油加熱，拌炒斜切成片狀的魚板 1 片和泡菜 60g，完成前加入酒、味醂各 1 大匙拌炒均勻。山型吐司（2cm 厚）1 片，縱向劃入一刀切紋後，烘烤 2 分鐘，擺放紫蘇 2 片，再疊放拌炒好的食材，撒上白芝麻。食用時，沿著劃入的切紋對折，成為三明治。

分量感 ‥‥‥‥ □□□
暢飲啤酒度 ‥‥ □□□
視覺衝擊度 ‥‥ □□

罐頭食品的熱烤三明治

清盈爽

099

醃漬鯖魚的
熱烤三明治

日式

100

蒲燒秋刀魚和芹菜奶油起司的
熱烤三明治

雞肉酪梨的
熱烤三明治

101

醇厚濃

為什麼"用罐頭食品製作熱烤三明治panini"呢?「其實是我個人的需求而產生的想法,因為最近正熱衷於戶外活動。以直火的熱烤三明治機來製作,熱熱的熱烤三明治格外的美味!雖說如此,要攜帶生的肉或魚等生鮮食材實在是太麻煩了。所以,思考出:『難道無法使用罐頭製作出美味的熱烤三明治嗎?』的構想」。特別是調味好的罐頭,食材完全入味,即使不再添加調味料,也能製作出美味的成品,是最大的優點。單獨享用時,味道過重是缺點,但用於"夾入麵包"時,這樣的濃重滋味,成了絕佳的搭

外層香脆、中間潤澤,食材美味多汁。

戶外野餐時也很推薦的熱烤三明治,若是使用罐頭食品,更是簡單就能製作的美味。

103

油漬沙丁魚和芒果乾的
熱烤三明治

帆立貝和小番茄的
熱烤三明治

102

西
式

098

鹹牛肉與高麗菜的
辣味熱烤三明治

配,實在是太棒了。當然即使是沒有調味的罐頭,也濃縮了食材的美味,因此只要加入最低限度的調味料,就能提升並深化風味。

　進行研究時注意到的是"罐頭界跨越和羊"。蒲燒風味的秋刀魚和奶油起司、烤雞苔配酪梨、鹹牛肉與韓式辣醬。夾入麵包中烘烤,是四海皆兄弟的混合美味。可說是自由自在、縱橫東西。拋開先入為主的主觀想法,只追求美味,無分國籍、趣味無窮的熱烤三明治 panini 世界更會更加寬廣。

098
鹹牛肉與高麗菜的
辣味熱烤三明治

韓式辣醬風味的鹹牛肉，用高麗菜葉徐徐蒸烤

材料與製作方法

攪散的鹹牛肉（罐頭）30g 和韓式辣醬 1 小匙、豆瓣醬少許混合。切去麵包邊 8 片切厚度的吐司 1 片放置在熱烤三明治機上，擺放與麵包相同大小的高麗菜 1 片，將餡料食材攤平，再疊放上同樣大小的高麗菜 1 片，覆蓋另一片吐司，蓋上三明治機，烘烤兩面完成製作。

分量感 ‥‥◻◻　口感潤澤度 ‥‥◻　味道深度 ‥‥◻◻

099
醃漬鯖魚的熱烤三明治

巴薩米可醋和醬油的清爽風味。
越是咀嚼，鯖魚的美味隨之散發

材料與製作方法　瀝去湯汁的水煮鯖魚罐頭 50g
和切成薄片的洋蔥 1/8 個，與巴薩米可醋 1 又
1/2 大匙、醬油 1 小匙、胡椒少許一起混拌，醃
漬約 10 分鐘。切去麵包邊 8 片切厚度的吐司 1
片，擺放在熱烤三明治機上，攤放食材，覆蓋上
另一片吐司，烘烤兩面完成製作。

清淡爽口感 ‥‥‥ ▢▢▢
健康感 ‥‥‥‥‥ ▢▢▢
簡單程度 ‥‥‥‥ ▢▢

100
雞肉酪梨的熱烤三明治

烤雞的甜鹹風味和酪梨混合後，
意外地絕配

材料與製作方法　在缽盆中放入烤雞（醬汁風
味）1/2 罐（30g）、切成塊狀的酪梨 1/4 個、
斜切成薄片的長蔥 5cm、芝麻油 1 小匙、鹽 2
小撮，混合拌勻。切去麵包邊 8 片切厚度的吐
司 1 片，擺放在熱烤三明治機上，攤放食材，
覆蓋另一片吐司，烘烤兩面完成製作。

和洋折衷感 ‥‥‥ ▢▢
濃郁度 ‥‥‥‥‥ ▢▢▢
特殊感 ‥‥‥‥‥ ▢▢

101
蒲燒秋刀魚和芹菜
奶油起司的熱烤三明治

奶油起司的酸味，
與蒲燒的甜鹹味不可思議地融合

材料與製作方法　切去麵包邊 8 片切厚度的吐司 1 片，擺放在熱烤三明治機上，放入拭去湯汁的蒲燒秋刀魚（罐頭）2 片、切成薄片的芹菜3cm、奶油起司 20g，撒上少許的粗磨黑胡椒，覆蓋另一片吐司，烘烤兩面完成製作。

和洋折衷感 ‥‥ ⬛⬛⬜
特殊感 ‥‥‥‥ ⬛⬛⬛
濃郁度 ‥‥‥‥ ⬛⬛⬜

102
帆立貝和小番茄的
熱烤三明治

在帆立貝的清爽美味中，
添加的是迷你番茄的酸味和香菜的香氣

材料與製作方法　攪散的帆立貝（罐頭）30g、對半分切的小番茄 3 個、切碎的香菜 3 株、檸檬汁 2 小匙一起混拌，略瀝去湯汁。切去麵包邊 8 片切厚度的吐司 1 片，擺放在熱烤三明治機上，攤放食材，覆蓋另一片吐司，烘烤兩面完成製作。

材料とつくり方

輕盈爽口感 ‥‥ ⬛⬛⬜
健康感 ‥‥‥‥ ⬛⬜⬜
異國風味感 ‥‥ ⬛⬛⬜

103
油漬沙丁魚和芒果乾的
熱烤三明治

芒果乾的酸甜，越是咀嚼香氣越是濃郁

材料與製作方法
切去麵包邊的 8 片切厚度的吐司 1 片，擺放在熱烤三明治機上，依序放上撕碎的芒果乾 30g、油漬沙丁魚（罐頭）40g 和切成細絲的紅蘿蔔。另一片切去邊的吐司單面塗抹適量粒狀黃芥末，塗抹面為內側地覆蓋，烘烤兩面完成製作。

味道深度 ···· ❏❏❏　特殊感 ···· ❏❏❏　新標準度 ···· ❏❏❏

靈活運用吐司皮和吐司邊的變化組合

製作三明治時切下的麵包邊、烘烤成金黃焦香、略硬脆的吐司皮。
可以活用成這樣的美味！

利用吐司皮

瑪格麗特（Margherita）

番茄醬、搗碎的小番茄、橄欖油、蒜泥、鹽和
胡椒混合後，塗抹在吐司皮上。擺放莫札瑞拉
起司後烘烤，撒上羅勒葉。因為是烘烤得硬脆
的麵包皮，所以可以嚐出薄脆披薩餅皮的口感。

菠菜香腸法式鹹派（Quiche）

挖空略厚吐司皮的中間部分，放入燙煮過的菠菜
和切成適當大小的香腸，倒入添加了鹽和胡椒的
蛋液，以烤箱烘烤至略呈焦色。挖出的吐司中央
部分，也可運用在下一頁的「蒜味麵包丁」。

黃豆粉麵包脆餅（Rusk）

混拌置於常溫下軟化的奶油、黃豆粉和
蔗糖，塗在切成 4 等分的吐司皮上，以
烤箱烘烤至硬脆。

利用麵包邊

Piccata 風味的麵包邊

蛋液中加入起司粉、海苔粉、七味粉混拌，將麵包邊浸入汁液中。在平底鍋中倒入油，將吸滿蛋液的麵包邊煎至黃金焦香。

香脆的熱烤三明治

將切下的麵包邊舖放填滿在熱烤三明治機上。擺放切成適當大小的煙燻鮭魚、撕碎的奶油起司、蒔蘿，上面再次不留間隙地排放麵包邊，製作成熱烤三明治。

蒜味麵包丁的大綠盤沙拉

撕碎麵包邊或剩餘的麵包，沾裹融化奶油和蒜末，避免層疊地排放在烤盤上，用 180℃預熱的烤箱烘烤約 15 分鐘，烘烤至呈金黃色，與沙拉混拌。將麵包丁與香草或辛香料、堅果一起混拌會更美味。

麵包邊與茄子的豬五花肉卷

茄子切成與麵包邊相同的尺寸，麵包邊與茄子層疊作為中芯，用豬五花肉片包捲，放在加了油的平底鍋中煎至金黃焦香。待肉熟透後，用混合酒、味醂、醬油、蜂蜜、薑末的醬汁沾裹。

3章
香甜口味

確實浸滲麵包的蛋液風味，充滿甜蜜氣息的法式吐司。富含維生素、看起來鮮艷華麗的水果三明治。文明開化時期起，就擄獲日本人芳心，再也離不開的紅豆麵包，充滿敬意的同時，更進一步地思索出進化版的紅豆三明治。甜品的範圍下，研究了有著豐富變化的3個種類。"甜麵包"點心的印象過於強烈，但根據不同的選項，應該也可以活躍在早午餐或早餐中。再者，希望「其實不太喜歡甜點...」的人，若是搭配了平常食用的麵包時，會覺得「看看是什麼，我也嚐嚐」產生伸手一試的慾望，甜麵包就是有這樣容易親近的特質。

法式
吐司

甜餡
三明治

水果
三明治

法式吐司

輕食

106

< 8 片切厚度的吐司 >
基本的法式吐司

113

焦糖法式吐司

111

黑糖法式吐司

基本款 ← 105

< 6 片切厚度的吐司 >
基本的法式吐司

119

葡萄麵包的
法式吐司

120

浸透奶油的
法式吐司

104

< 4 片切厚度的吐司 >
基本的法式吐司

107

貝果的法式吐司

飽足

　　浸泡調味的蛋液（法式吐司蛋液）後，烘煎的麵包。只要能滿足這樣的條件，就可稱為法式吐司。即使不是甜的，無論喜歡的是什麼樣的食材，大致上都可以做出美味的成果，香蕉、甘酒、奶油起司 ...，蛋液都能輕鬆且美味的融入。

　　「麵包的種類，對風味有巨大的影響。在本書中，特別有意思的是貝果。表皮的硬度和內側的 Q 彈，口感的不同，是目前為止法式吐司所沒有的新鮮美味，雖然會多花一點時間，但請務必挑戰看看喔」

　　法式吐司的製作，重要的關鍵有兩個。

改變麵包、改變烘烤方法、在切法多下點工夫，完成的 19 種法式吐司。
喜好的食材不同，法式吐司也會變身完全不同的成品，是百吃不膩的美味。

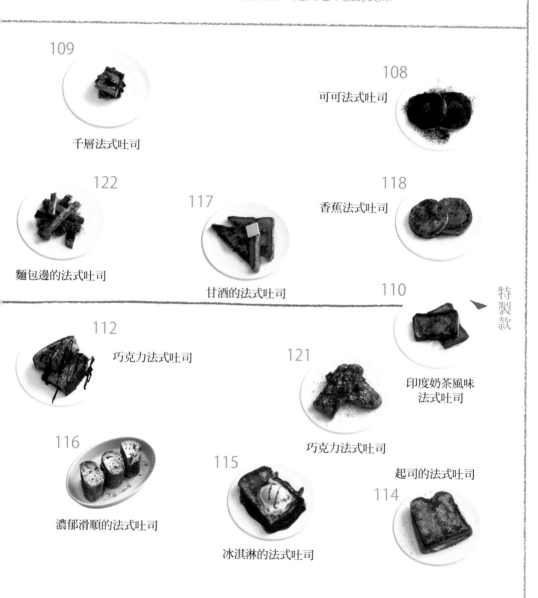

109
千層法式吐司

108
可可法式吐司

122
麵包邊的法式吐司

117
甘酒的法式吐司

118
香蕉法式吐司

112
巧克力法式吐司

121
巧克力法式吐司

110
印度奶茶風味
法式吐司

特製款

116
濃郁滑順的法式吐司

115
冰淇淋的法式吐司

114
起司的法式吐司

「這次，食譜中雖然也計算了麵包的浸泡時間，但請作為參考標準。因麵包種類的不同，吸收率也各異，浸泡至確實地吸收完方型淺盤內的法式吐司蛋液為止，如此自然可以做出中央鬆軟的美味法式吐司」

另一個關鍵，烘煎後，不要隨意地翻動。

「不斷地翻面，會使膨鬆的口感消失。蓋上鍋蓋，靜靜等待，什麼都不用做。這就是美味製作的重關鍵」

104
＜4 片切厚度的吐司＞
基本的法式吐司

用厚切吐司來製作滿足感十足。
完成時放上大量奶油

材料與製作方法

吐司 1 片，劃入十字切紋，放入法式吐司蛋液（打散蛋液 1/2
個、牛奶 100ml、蔗糖 1 大匙）裡，過程邊翻面邊浸漬 30 分鐘。
在平底鍋中加熱奶油 5g，放入吐司，蓋上鍋蓋，用略小的中
火烘煎 3 分鐘。烘煎至呈金黃焦香的烤色時，翻面，蓋上鍋蓋，
再用小火烘煎 2 分鐘。熄火，保持覆蓋鍋蓋的狀態燜蒸約 1 分
鐘。綴以切成薄片的奶油 10g，澆淋適量的楓糖漿。

安定感 ···· ❏❏❏　　心滿意肚飽足感 ···· ❏❏❏　　醇濃感 ···· ❏❏❏

＜法式吐司的規則＞法式吐司蛋液，是在缽盆中放入所有的材料，充分混拌後移至方型淺盤內。

105

< 6 片切厚度的吐司 >
基本的法式吐司

用厚度恰到好處的吐司製作，
外側酥脆、內側潤澤

材料與製作方法　吐司 1 片，放入法式吐司蛋液
（打散蛋液 1/2 個、牛奶 80ml、蔗糖 1 大匙）中，
過程邊翻面邊浸漬 15 分鐘。在平底鍋中加熱奶油
5g，放入吐司，蓋上鍋蓋，用略小的中火烘煎 2
分鐘 30 秒～ 3 分鐘。烘煎至呈金黃焦香的烤色時，
翻面，蓋上鍋蓋，再用小火烘煎 2 分鐘。烘煎完
成後，擺放奶油 5g，澆淋適量的楓糖漿。

安定感‧‧‧‧‧‧‧‧‧‧‧ ▢▢▢
恰到好處的飽足感‧‧‧‧ ▢▢▢
醇濃感‧‧‧‧‧‧‧‧‧‧‧ ▢▢

106

< 8 片切厚度的吐司 >
基本的法式吐司

較薄的吐司，
就能簡單俐落地完成

材料與製作方法　吐司 1 片對角線切，放入法式
吐司蛋液（打散蛋液 1/2 個、牛奶 50ml、蔗糖
1/2 大匙）中，過程邊翻面邊浸漬 10 分鐘。在平
底鍋中加熱奶油 5g，放入吐司，蓋上鍋蓋，用
略小的中火烘煎 2 分鐘 30 秒～ 3 分鐘。烘煎至
呈金黃焦香的烤色時，翻面，蓋上鍋蓋，再用小
火烘煎約 1 分鐘。烘煎完成後，澆淋適量的蜂蜜。

安定感‧‧‧‧‧ ▢▢
點心零食感‧‧‧ ▢▢▢
輕食感‧‧‧‧‧‧ ▢▢▢

107
浸透奶油的法式吐司

在甜蜜中，融化成稠濃狀的奶油
帶來恰到好處的鹹味

材料與製作方法　4 片切厚度的吐司 1 片，側邊劃入切紋使其成為口袋狀，放入切成薄片的奶油 10g。放入法式吐司蛋液（打散蛋液 1 個、牛奶 80ml、蔗糖 1 大匙）裡，過程邊翻面邊浸漬 30 分鐘。在平底鍋中加熱奶油 5g，放入吐司，蓋上鍋蓋，用略小的中火烘煎約 3 分鐘。烘煎至呈金黃焦香的烤色時，翻面，蓋上鍋蓋，再用小火烘煎約 2 分鐘。

浸透度‥‥‥‥‥❏❏❏
卡路里忘卻度‥‥❏❏❏
飽足感‥‥‥‥‥❏❏❏

108
可可法式吐司

視覺效果強烈。
微苦可可粉的成熟風味

材料與製作方法　英式馬芬 1 個橫向對切，放入法式吐司蛋液（打散蛋液 1/2 個、牛奶 80ml、蔗糖 1 大匙、可可粉 1 小匙）中，過程邊翻面邊浸漬 30 分鐘。在平底鍋中加熱奶油 5g，放入英式馬芬，蓋上鍋蓋，用略小的中火烘煎約 2 分鐘。烘煎出烤色時，翻面，蓋上鍋蓋，再用小火烘煎約 2 分鐘。烘煎完成後，點綴上各適量的橙皮果醬和可可粉。

視覺驚異度‥‥‥❏❏❏
大人口味‥‥‥‥❏❏
點心零食感‥‥‥❏❏❏

109
千層法式吐司

壓扁的吐司做成像派的外觀，
如同蛋糕般的成品

材料與製作方法　8 片切厚度的吐司 1 片，切去
麵包邊再切成 4 等分，各別用擀麵棍按壓成扁
平狀。放入法式吐司蛋液（打散蛋液 1/2 個、牛
奶 50ml、蔗糖 1/2 大匙）中，過程邊翻面邊浸漬
30 分鐘。在平底鍋中加熱奶油 5g，放入吐司，
蓋上鍋蓋，用略小的中火烘煎約 2 分鐘。烘煎至
呈金黃焦香的烤色時，翻面，蓋上鍋蓋，再用小
火烘煎約 1 分鐘。烘煎完成後，各別塗抹適量草
莓果醬，層疊起來。

孩童喜好度 ····□□
小巧感 ·······□□□
輕食感 ·······□□□

110
印度奶茶風味法式吐司

用香料簡單地增添風味，
做出色濃味重的印度奶茶風格

材料與製作方法　8 片切厚度的吐司 1 片，對半分
切，放入法式吐司蛋液（打散蛋液 1/2 個、牛奶
50ml、蔗糖 1/2 大匙、肉桂粉、小荳蔻粉各 1/3
小匙）中，過程邊翻面邊浸漬 10 分鐘。在平底鍋
中加熱奶油 5g，放入吐司，蓋上鍋蓋，用略小的
中火烘煎約 2 分鐘。烘煎至呈色後，翻面，蓋上
鍋蓋，再用小火烘煎約 1 分鐘。烘煎完成後，澆
淋適量的蜂蜜。

咖啡廳感 ····□□
特殊感 ·····□□□
飽足感 ·····□

111
黑糖法式吐司

黑糖質樸的甜味。
製作出風味濃郁的成品

材料與製作方法　6 片切厚度的吐司 1 片，放入
法式吐司蛋液（打散蛋液 1/2 個、豆漿 80ml、黑
糖粉 1 大匙）中，過程邊翻面邊浸漬 15 分鐘。
在平底鍋中加熱奶油 5g，放入吐司，蓋上鍋蓋，
用略小的中火烘煎約 3 分鐘。烘煎至呈金黃焦香
的烤色時翻面，蓋上鍋蓋，再用小火烘煎約 2 分
鐘。完成後，適量地撒上黑糖粉。

安定感‥‥‥‥ ❏
健康感‥‥‥‥ ❏❏
簡單程度‥‥❏❏

112
巧克力法式吐司

烘煎完成時，擺放在中間的巧克力也呈現稠濃流動狀

材料與製作方法　切成 3cm 厚的鄉村麵包 1 片，
對半分切。在切開斷面劃入切紋使其成為口袋
狀，各別放入巧克力 10g，放入法式吐司蛋液
（打散蛋液 1/2 個、牛奶 80ml、蔗糖 1 大匙）內，
過程邊翻面邊浸漬 30 分鐘。在平底鍋中加熱奶
油 5g，放入麵包，蓋上鍋蓋，用略小的中火烘
煎約 3 分鐘。烘煎至呈色時翻面，蓋上鍋蓋，
再用小火烘煎約 2 分鐘。完成後，澆淋隔水加
熱融化的巧克力 20g。

咖啡廳感‥‥‥‥ ❏❏❏
特殊感‥‥‥‥‥ ❏
女性適合度‥‥ ❏❏❏

113
焦糖法式吐司

馨香的焦糖，越發增添食慾

材料與製作方法　6 片切厚度的吐司 1 片，縱向分切成 4 等分。放入法式吐司蛋液（打散蛋液 1/2 個、牛奶 80ml、蔗糖 1 大匙）內，過程邊翻面邊浸漬 30 分鐘。在平底鍋中加熱奶油 5g，放入吐司，蓋上鍋蓋，用略小的中火烘煎 2 分鐘 30 秒～ 3 分鐘。烘煎至呈金黃焦香的烤色時，翻面，蓋上鍋蓋，再用小火烘煎約 2 分鐘。完成時蘸上焦糖醬（★）。＜★焦糖醬的製作方法＞在小鍋中放入細砂糖 50g 和水 1 大匙，用中火加熱，至變成茶色後，熄火，利用餘熱使其焦糖化，再加入 3 大匙熱水，以橡皮刮勺混拌。

安定感‥‥‥ ◻◻
時尚感‥‥‥ ◻◻◻
著迷度‥‥‥ ◻◻◻

114
起司的法式吐司

從中間看得到起司，是菜餚風格的法式吐司

材料與製作方法　4 片切厚度的吐司 1 片，側面劃入切紋使其成為口袋狀，放入起司。吐司放入法式吐司蛋液（打散蛋液 1 個、牛奶 80ml、鹽 1/3 小匙、粗磨黑胡椒少許）中，過程邊翻面邊浸漬 30 分鐘。在平底鍋中加熱少許橄欖油，放入吐司，蓋上鍋蓋，用略小的中火烘煎約 2 分鐘。烘煎至呈烤色時翻面，蓋上鍋蓋，再用小火烘煎約 2 分鐘。熄火，保持覆蓋鍋蓋地燜蒸約 1 分鐘。完成後，撒上少許粗磨的黑胡椒。

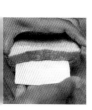

菜餚感‥‥‥‥ ◻◻◻
男性接受度‥‥ ◻◻
特殊感‥‥‥‥ ◻◻

115
冰淇淋的法式吐司

**熱熱的烤麵包和
冰涼冰淇淋的組合**

材料與製作方法　6 片切厚度的英式吐司 1 片，放入法式吐司蛋液（打散蛋液 1/2 個、牛奶 80ml、蔗糖 1 大匙）内，過程邊翻面邊浸漬 15 分鐘。在平底鍋中加熱奶油 5g，放入英式吐司，蓋上鍋蓋，用略小的中火烘煎約 2 分鐘 30 秒。烘煎至呈烤色時，翻面，蓋上鍋蓋，再用小火烘煎約 2 分鐘。擺上適量的冰淇淋，完成時澆淋適量的黑糖蜜。

輕食店感‧‧‧‧‧‧🔲🔲🔲
孩童喜好度‧‧‧‧🔲🔲
飽足感‧‧‧‧‧‧‧‧🔲🔲

116
濃郁滑順的法式吐司

香脆的焦色部分也好吃，就像是濃郁風味的起司蛋糕

材料與製作方法　法式長棍切平一端，切成 15cm 長。表面（外皮）用叉子刺出孔洞，使味道容易滲入。從長邊分切成 3 等分，與法式吐司蛋液（打散蛋液 1 個、牛奶 100ml、蔗糖 2 大匙、奶油起司 40g）一起放入密閉容器内，靜置一夜（過程中數次地翻面）。切面朝上地排放在耐熱容器中，放入烤箱烘烤約 6 分鐘。待呈金黃焦香的烤色時，為避免烤焦地覆蓋鋁箔紙，再繼續烘烤約 1 分鐘。完成時撒上適量的糖粉。

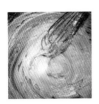

飽足感‧‧‧‧‧‧‧‧🔲🔲🔲
值得花功夫‧‧‧‧🔲🔲🔲
特殊感‧‧‧‧‧‧‧‧🔲🔲

117
甘酒的法式吐司

利用甘酒微微的甜味，
隱約呈現日式和風的溫柔

材料與製作方法　6片切厚度的吐司1片，斜
向對半分切，放入法式吐司蛋液（打散蛋液 1/2
個、甘酒、牛奶各 40ml）內，過程邊翻面邊浸
漬 15 分鐘。在平底鍋中加熱奶油 5g，放入吐
司，蓋上鍋蓋，用略小的中火烘煎約 2 分鐘。
烘煎至烤色時，翻面同樣再烘煎約 2 分鐘。完
成時，擺放奶油 5g。

味道深度 ‥‥❑❑❑

健康感‥‥‥❑❑❑

飽足感‥‥‥❑

118
香蕉法式吐司

只要一口就能讓人沈迷在
香蕉的甘甜中…

材料與製作方法　英式馬芬 1 個橫向對半切，
放入法式吐司蛋液（過濾成泥的香蕉 1/2 根、
打散蛋液 1/2 個、鮮奶油 50ml）內，過程邊翻
面邊浸漬 30 分鐘。在平底鍋中加熱奶油 5g，
放入英式馬芬，蓋上鍋蓋，用略小的中火烘煎
約 2 分鐘 30 秒。烘煎至呈金黃焦香的烤色時
翻面，蓋上鍋蓋，再用小火烘煎約 2 分鐘。完
成時澆淋上適量的楓糖漿。

孩童喜好度 ‥‥❑❑❑

早餐感‥‥‥‥❑❑❑

成癮度‥‥‥‥❑❑❑

119
葡萄麵包的法式吐司

葡萄乾的酸甜、
柔和風味是味道的關鍵

材料與製作方法 圓形葡萄乾麵包 1 個橫向對半
分切。放入法式吐司蛋液（打散蛋液 1/2 個、牛
奶 50ml、蔗糖 1/2 大匙）內，過程邊翻面邊浸漬
1 小時。在平底鍋中加熱奶油 5g，放入葡萄乾麵
包，蓋上鍋蓋，用略小的中火烘煎約 3 分鐘。烘
煎至呈金黃焦香的烤色時翻面，蓋上鍋蓋，再用
小火烘煎約 2 分鐘。完成時澆淋適量的楓糖漿。

葡萄乾的口感 ⋯⋯◻◻◻

浸透度⋯⋯⋯⋯⋯◻◻

點心零食感 ⋯⋯⋯◻◻

120
貝果的法式吐司

這樣的 Q 彈口感，非常特別。美味逐漸在口中擴散

材料與製作方法 貝果 1 個橫向對半分切，用
叉子在表面刺出孔洞。與法式吐司蛋液（打散
蛋液 1/2 個、優格 4 大匙、牛奶 100ml、蔗糖
2 大匙）一起放入密閉容器內，靜置一夜（過程
中要翻面）。在平底鍋中加熱奶油 10g，放入
貝果，蓋上鍋蓋，用略小的中火烘煎約 3 分鐘。
烘煎至呈烤色時，翻面蓋上鍋蓋，再用小火烘
煎約 2 分鐘。熄火，保持覆蓋鍋蓋地燜蒸約 1
分鐘。完成時澆淋適量的蜂蜜。

值得花功夫 ⋯⋯◻◻

飽足感⋯⋯⋯⋯◻◻◻

厚實 Q 彈感 ⋯⋯◻◻◻

121
Piccata 風味的法式吐司

焦香起司的硬脆口感令人招架不住，不甜的法式吐司

材料與製作方法 法式長棍切成 12cm 長。橫向對半分切，在表面（外皮）部分用叉子刺出孔洞。放入法式吐司蛋液（打散蛋液 2 個、鹽 1/3 小匙、粗磨黑胡椒少許）中，過程邊翻面邊浸漬 1 小時。在平底鍋中加熱奶油 5g，在法式長棍切面撒上起司粉 1 大匙，切面朝下地放入鍋中。蓋上鍋蓋，用略小的中火烘煎約 3 分鐘。烘煎至呈金黃焦香的烤色時翻面，蓋上鍋蓋，再用小火烘煎約 2 分鐘。熄火，保持覆蓋鍋蓋地燜蒸約 1 分鐘。完成後再撒上各少許的起司粉和粗磨黑胡椒。

時尚感········ 🗖🗖
下酒小菜度···· 🗖🗖
特殊感········ 🗖🗖

122
麵包邊的法式吐司

剩下的麵包邊
也能變身成美味的手拿小點心

材料與製作方法 麵包邊 8 根，放入法式吐司蛋液（打散蛋液 1 個、牛奶 100ml、蔗糖 2 大匙、奶油起司 40g）內，過程邊翻面邊浸漬 1 小時。在平底鍋中加熱奶油 5g，放入麵包邊，蓋上鍋蓋，用略小的中火烘煎約 2 分鐘。烘煎至呈烤色時翻面，蓋上鍋蓋，再用小火烘煎約 2 分鐘。完成時澆淋上適量的楓糖漿。

環保度····· 🗖🗖🗖
簡單程度···· 🗖
點心零食感·· 🗖🗖🗖

甜餡三明治

清盈爽↑

128

白豆沙柑橘果醬三明治

130

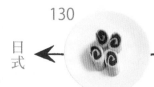

123

日式 ←

黃豆粉甜餡夾心卷

奶油甜餡三明治

126

鮮奶油豆粒餡三明治

131

黑芝麻堅果的
豆粒餡三明治

醇厚濃

三明治最大的敵人就是水份，甜餡的最大敵人也是水份。沒有比濕軟、味淡的甜餡更令人惋惜。要完成美味甜餡三明治的條件，就是必須徹底排除多餘的水份。「與甜餡混合時，水果必須選用水份含量少的種類。新鮮的柑橘類或葡萄類是 NG 的喔」。在美味

地完成這件事上，水份含量多的水果並不適合甜餡。合適的香蕉，在水份上就沒有任何問題，柔嫩的草莓，只要不咬開水份也不會滲出來。

「在此想要關注的是乾燥水果。確實乾燥的同時，又能保持清晰的酸甜，還能烘托出

紅豆餡，僅添加甜味無法真正釋放美味。
排出水份，加入好夥伴的鹽，才是真正通往美味甜餡三明治的捷徑。

132

草莓豆沙餡三明治

127

豆沙芒果三明治

129

栗子甜餡
粉紅胡椒三明治

→ 西式

124

奶油起司
胡椒紅豆三明治

香蕉豆沙開放三明治

125

甜餡的風味」。進行甜餡三明治的研究時，想到人類在食用甜品會感覺「美味」，似乎很多都是在甜味中潛藏著鹹味的情況。"重點是甜味、鹹味或辣味的平衡"...這樣的假設，可以從甜餡與奶油起司、奶油、胡椒中得到證實。在紅豆湯中加入適當鹽份的理由、鹽味大福複雜的甜鹹程度。在想到這些美味的同時，希望大家也能試試在甜餡三明治中加入恰到好處的鹹度。

123
奶油甜餡三明治

小倉紅豆餡和塊狀奶油。
鹹甜美味，極度發揮！

材料與製作方法
在 12cm 法式長棍上劃上切紋，夾入
切成 1cm 見方 ×3cm 長的奶油 2 條，
再從上方盛放粒狀紅豆餡 60g

鹹甜度 ···· 🔲🔲◻️　分量感 ···· 🔲🔲◻️　不負期待度 ···· 🔲🔲◻️

124
奶油起司
胡椒紅豆三明治

在口中絕妙的均衡混合，
香甜的甜餡 VS 起司 & 胡椒

材料與製作方法　貝果 1 個橫向對半分切，下側
的貝果塗滿粒狀紅豆餡 60g，放上切成小方塊的
奶油起司 20g，撒上粗磨黑胡椒少許，用上層的
貝果覆蓋包夾。

香料度‧‧‧‧‧‧❑❑

鹹度‧‧‧‧‧‧‧‧❑

嶄新程度‧‧‧‧❑❑

125
香蕉豆沙開放三明治

意外地合拍，
甜餡與肉桂的風味

材料與製作方法　8 片切厚度的吐司 1 片，
縱向切成 3 等分，烘烤 1 分鐘。各別塗抹
豆沙餡 10g，排放斜切成薄片的香蕉 1 根，
撒上少許的肉桂粉。

滿足度‧‧‧‧‧‧‧‧❑❑

甜度‧‧‧‧‧‧‧‧‧❑❑

孩童喜好度‧‧‧‧❑❑❑

126

黑芝麻堅果的
豆粒餡三明治

添加了碾磨黑芝麻的濃郁甜餡，
用堅果來增添口感

材料與製作方法　在粒狀紅豆餡 50g 中添加碾磨的黑芝麻 2 小匙混拌。圓麵包 1 個橫向對半分切，在下側麵包切面上塗抹餡料，撒放切成粗粒的綜合堅果 10g，覆蓋包夾。

食用趣味度 ‥‥ ❑❑❑

甜度‥‥‥‥‥ ❑❑

醇厚濃香度 ‥‥ ❑❑

127

豆沙芒果三明治

在甜餡中不時出現的酸甜芒果滋味
就是關鍵重點

材料與製作方法　在豆沙餡 60g 中加入切成粗粒的芒果乾 20g 混拌。山型葡萄乾吐司（1.5cm 厚）1 片，塗抹餡料，烘烤約 2 分鐘，用另 1 片沒有烘烤的葡萄乾吐司夾起。

酸脆鬆軟感 ‥‥ ❑❑

特殊感‥‥‥‥ ❑❑❑

酸甜度‥‥‥‥ ❑❑

128
白豆沙
柑橘果醬三明治

優雅清甜的白豆沙餡中
混入了清新爽口的柑橘果醬

材料與製作方法　白豆沙餡 60g 添加 1 大匙柑橘果醬、檸檬汁 1 小匙混拌。切去麵包邊的 8 片切厚度吐司 2 片，各別在單面塗抹薄薄的奶油，再塗抹上餡料夾起成三明治，切成 3 等分。

視覺衝擊度 ‥‥❏
酸甜度‥‥‥‥❏❏❏
清淡爽口感 ‥‥❏❏❏

129
栗子甜餡
粉紅胡椒三明治

以為是常見熟悉的栗子餡，
咀嚼胡椒的瞬間，刺激在口中擴散！

材料與製作方法　帶皮糖煮栗子 2 個切成粗粒，與粒狀紅豆餡混拌。夾入劃入切紋不切斷的 1 個可頌麵包中，完成時用指尖輕輕撒上少許粉紅胡椒碎。

香料度 ‥‥❏
特殊感 ‥‥❏❏❏
上癮度 ‥‥❏❏❏

130
黃豆粉甜餡夾心卷

黃豆粉的馨香味與呈現樣貌，
宛如和菓子般

材料與製作方法　切去麵包邊的 8 片切厚度吐司 2 片，用擀麵棍薄薄地擀壓。白豆沙 30g 添加黃豆粉 1/2 大匙混拌，各別塗抹在吐司的單面，手指按壓末端的吐司，包捲起來（見照片），每片都如此捲起。用保鮮膜包覆並扭緊兩端，做成糖果狀，置於冷藏室靜置 30 分鐘。待餡料與吐司貼合穩定後，斜向對半分切。

可愛程度 ‥‥‥■■■
懷舊程度 ‥‥‥■■
孩童喜好度 ‥‥■■■

131
鮮奶油豆粒餡三明治

甜餡中一旦添加了鮮奶油，
就會形成鬆軟口感和濃郁滋味

材料與製作方法　奶油卷 1 個劃入切紋不切斷，混合粒狀紅豆餡和打發得略硬的鮮奶油（＊5、請參照 P.120）20g，夾入麵包中，完成時撒上適量的黃豆粉。

經典感‥‥‥‥‥‥‥■■
醇厚濃香度‥‥‥‥‥■■■
冰涼後美味 UP 程度‥‥■■■

132
草莓豆沙餡三明治

在草莓大福就得到了實證，
甜餡＆草莓也可以做成三明治！

材料與製作方法

8 片切厚度的吐司 2 片，各別塗抹豆沙餡 30g。1 片吐司上擺放切成片狀的草莓 4 個，用另一片覆蓋包夾。切去麵包邊，分切成 6 等分。

水果感 ···· ■■□　　大人口味 ···· ■□□　　可愛程度 ···· ■■□

03 水果三明治

清盈爽

137

醃漬奇異果三明治

134

奶油起司葡萄柚三明治

141
蘋果蜂蜜三明治

簡約款

140

芒果優格三明治

136

烤香蕉的開放式三明治

醇厚濃

無法成為正餐，做為點心分量又大了點，這種曖昧程度正是水果三明治特有的。雖然苦笑地說著「可能會影響到晚餐食慾啊...」，同時又一口不剩地將三明治全部吃光。「正統作法就是大量的鮮奶油和夾入配色鮮艷的水果吧，考量要從什麼地方分切，才能最具

美感，也是製作水果三明治的樂趣之一」。當然，水果也不是胡亂填滿就行，要精算好包括鮮奶油的"留白"，斟酌用量才是製作出美麗三明治的要領。

再者，雖然品嚐水果本身的甜味也很重要，但下點工夫恰到好處地烘托出全新的美

三明治界的寶石箱、三明治界的公主—就是水果三明治。
令人著迷的香甜，有時還帶著清晰的香料風味。運用水果特徵的三明治 10 款！

139

大人味的
水果開放三明治

135

優格哈密瓜三明治

138

桃子×黑糖蜜的乳霜三明治

豪
華
款

133

綜合水果三明治

草莓和布丁的
開放式三明治

142

味，也是研究的成果。奇異果若直接食用就是很單純的風味，因此添加甜度和鹹味地浸漬，可以賦予更深刻的風味。另外，鳳梨用紅酒煮過，可以變成更適合成人的口味。「在此，最嶄新的創意，是將布丁直接擺在開放式三明治上，略帶烤色的布丁甜味

與草莓的酸甜，視覺上雖然豪邁大膽，但意外地風味卻是柔和優雅，應該會讓大家驚異不已！」

133
綜合水果三明治

一口就能嚐到水果各種美味的
正統三明治

材料與製作方法

8片切厚度的吐司1片，單面塗抹打發成略硬的鮮奶油（＊5）30g。色彩均衡地擺放對半分切的草莓3個、切成4等分的黃桃（罐頭）1片、奇異果切成半月狀2片、薄切香蕉4片。上面再次塗抹鮮奶油30g，用另一片吐司覆蓋包夾。用保鮮膜包覆後，於冷藏室靜置30～60分鐘，待食材與吐司結合固定後，切去吐司邊，對角線分切成4等分。

＜＊5鮮奶油的製作方法（方便製作的分量）＞
在缽盆中放入鮮奶油（乳脂肪成分36%）100ml和蔗糖10g，在底部墊放冰水，用攪拌器使其飽含空氣地打發。用攪拌器舀起時，鮮奶油呈尖角直立不會掉落的硬度。

色彩繽紛感‥‥❏❏❏　著迷度‥‥❏❏❏　經典感‥‥❏❏❏

134
奶油起司葡萄柚三明治

奶油起司鬆軟的甜味中
散發著葡萄柚的酸味

材料與製作方法　混拌置於常溫下軟化的奶
油起司 20g 和楓糖漿 1 小匙，塗抹在 1 個
劃入切紋但不切斷的麵包卷切面內，夾入
剝除薄膜並切開的葡萄柚果肉 3 片。

酸甜度……🀫🀫🀙

輕食感……🀫🀙

嶄新程度 ‥‥🀙

135
優格哈密瓜三明治

哈密瓜的甜味才是主角，
所以用優格輕盈地完成

材料與製作方法　混合瀝去水份的優格 20g
（請參照 P.71）和打發成略硬的鮮奶油（＊
5）20g，塗抹在 2 片 6 片切厚度吐司的單
面上。夾入斜切 3mm 薄片的哈密瓜 1/8
個、適量的薄荷葉碎，用保鮮膜包覆後，
於冷藏室靜置 30 分鐘，待食材與吐司結合
固定後，切去吐司邊，對半分切。

健康感‥‥🀫🀫🀙

奢華感‥‥🀫🀫🀙

清爽感‥‥🀫🀙

136
烤香蕉的開放式三明治

奶油和香蕉的厚實濃郁感，
2 種香料風味的熱三明治

材料與製作方法　在平底鍋中加熱奶油
5g，將香蕉（縱向）對切取 1/2 根、法式長
棍（12cm 橫向對切的半片）的切面，都烘
煎至金黃焦香。香蕉擺在麵包上，撒上肉
桂粉、小荳蔻粉各適量。

甜度⋯⋯⋯◻◻◻
香料度⋯⋯◻◻◻
滿足度⋯⋯◻◻

137
醃漬奇異果三明治

隱隱帶著鹹味的醃漬！
包夾著奇異果的成人風味

材料與製作方法　奇異果 1/2 個切成一口大
小，撒上各少許的鹽和胡椒、橄欖油 1 小
匙、蜂蜜 1/2 小匙混拌後浸漬約 10 分鐘。
英式馬芬 1 個橫向對半分切，1 片的切面
上薄薄地塗抹奶油，夾入浸漬過的奇異果
再以另一片夾起。

大人口味⋯⋯◻◻
清爽感⋯⋯⋯◻◻
沙拉感⋯⋯⋯◻◻

138
桃子×黑糖蜜的
乳霜三明治

桃子＋略帶酸味的馬斯卡邦起司，
清淡的味道中，濃郁感就用黑糖蜜來補足

材料與製作方法 混合馬斯卡邦起司 30g 和黑糖
蜜 2 小匙，製作黑糖蜜乳霜。在 1 片 8 片切厚度
的吐司單面，塗抹黑糖蜜乳霜 1/3 用量，擺放切
成片狀的桃子 1/2 個，上面再塗抹其餘黑糖蜜乳
霜，用另一片麵包覆蓋包夾。以保鮮膜包覆後，
於冷藏室靜置 30 分鐘，待食材與吐司結合固定
後，切去吐司邊，分切成 3 等分。

奢華感‧‧‧‧‧🍞🍞

日本風‧‧‧‧‧🍞

嶄新程度‧‧‧‧🍞🍞

139
大人味的水果開放三明治

紅酒風味和胡椒的刺激。
抑制甜度的成熟滋味

材料與製作方法 鳳梨 80g 分切成 9 塊，用紅酒
200ml 以小火煮約 15 分鐘，連同煮汁一起冷卻。
切去麵包邊的 4 片切厚度吐司 1 片，縱向切成 3
等分，混合馬斯卡邦起司 20g 和打發成略硬的鮮
奶油（＊5）20g，塗抹在吐司上。各別將拭去汁
液的鳳梨 3 塊擺在吐司上，用手指撒上適量的粉
紅胡椒碎，做為點綴。

香料度‧‧‧‧‧🍞🍞

大人口味‧‧‧‧🍞🍞🍞

勵感‧‧‧‧‧‧🍞🍞🍞

140
芒果優格三明治

越是咀嚼越能嚐出美味的芒果乾，
以清爽的優格為基底

材料與製作方法　在優格 100g 中放入切成
粗粒的芒果乾 4 片，置於冷藏室靜置一夜，
使芒果吸收水份（參考照片）。熱狗麵包 1
個劃入切紋不切斷，夾入芒果優格。

輕盈爽口感 ‥‥‥◖◗◖◗
簡單程度 ‥‥‥‥◖◗◖◗
新標準度 ‥‥‥‥◖◗◖◗

141
蘋果蜂蜜三明治

有著爽脆嚼感的樸質三明治，
用馬斯卡邦起司做出輕盈感

材料與製作方法　葡萄吐司（1.5cm 厚）2
片切去麵包邊，各別在單面塗抹馬斯卡邦
起司 10g，排放削皮後切成薄片的蘋果 1/4
個，澆淋 1 小匙蜂蜜，包夾成三明治，斜
向對半分切。

食用趣味度 ‥‥‥◖◗◖◗
輕盈爽口感 ‥‥‥◖◗◖◗
簡單程度 ‥‥‥‥◖◗◖◗◖◗

142
草莓和布丁的開放式三明治

布丁，搭配草莓的烤吐司！
宛如蛋糕般豪奢的風味

材料與製作方法

4 片切厚度的吐司切去麵包邊，毫無間隙地排放切成薄片
的草莓 3 顆。擺放攪碎的布丁 40g，烘烤約 2 分鐘。完成
烘烤後，撒上適量的可可粉。

罪惡感 ···· ❏❏❏　視覺衝擊度 ···· ❏❏❏　醇厚濃香度 ···· ❏❏❏

剩餘麵包巧妙地冷凍 & 解凍方法

美味的麵包，可以一次大量購買。
若能正確地冷凍保存，一樣可以確實地保有新鮮的美味。

巧妙的麵包冷凍法

無論如何都要阻絕空氣！

食物一旦接觸空氣，就會因氧化而損及風味。因此，首先使表面無法接觸空氣，每個或是每片切片都用保鮮膜包裹，再放入夾鏈袋中保存。法式長棍等，切片後避免相互沾黏地夾入烘焙紙，再依照每次食用的分量用保鮮膜包裹即可。

保鮮膜

烘焙紙

保鮮膜

各類麵包的美味解凍 & 烘烤方法

即使冷凍法相同，
解凍法依麵包種類而有所差別！

薄片麵包用直火烘烤也可以，但若是厚片麵包，可能就會出現表面完成烘烤但中間還冰冷 …。在此建議大家，用微波略加熱、用平底鍋邊視狀況邊小火烘烤等方法。法式長棍則是在蒸氣中加熱，可以風味十足地膨脹並解凍。

\\ 5 種解凍方法 //

將麵包放入預熱的烤箱中，
噴灑水霧烘烤

麵包表面覆蓋鋁箔紙烘烤

麵包用微波爐（600W）加熱約 10 秒後，
再放入預熱的烤箱中噴灑水霧烘烤

用平底鍋烘烤

將麵包放入加熱過的平底鍋中，
加少許的水蓋上鍋蓋，蒸烤。

各類麵包
建議的
解凍方法

吐司
8 片分切・6 片分切
A D

吐司
4 片切厚度
C D

法式長棍
B E

可頌麵包
B

圓形麵包・
麵包卷
B C

馬芬・貝果
C E

忙碌早晨好幫手的解凍&烘烤變化技巧

即使沒有時間，
也能吃到美味的麵包！

就算是匆匆忙忙的早晨，也想要好好地吃個麵包，而且是好吃的！這樣任性的想法，只要能牢記以下的技巧，就能輕鬆實現了。例如，奶油烤麵包、披薩麵包，只要做著備用就 OK 了。即使是比較花時間的法式吐司，只要用一點點小技巧就能隨時品嚐美味。在冷凍庫中，備好只要一道手續就能完成的麵包，只要如此，早餐也能瞬間完成。

在冷凍麵包上塗抹奶油

若是分切成 6～8 片的麵包厚度，直接在冷凍表面塗抹奶油，放入預熱的烤箱中，噴灑水霧，就能烘烤。藉由塗抹奶油，形成油膜，可以防止烘烤時麵包的水份流失，因此能烘烤出口感潤澤的麵包。奶油均勻"不留空隙"地塗抹就是重點。

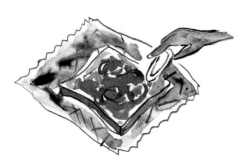

披薩麵包在食材上多一點的工夫

用鋁箔紙包覆披薩麵包，放入夾鏈密封袋保存，這麼從冷凍庫取出後就可以直接烘烤。烘烤時，為避免起司融化沾黏在鋁箔紙上，在製作時用香腸或蔥片等食材擺放在起司上，就是訣竅。烘烤時間，覆鋁箔紙狀態下烘烤 8 分鐘＋掀起鋁箔紙後烘烤分鐘。

用鋁箔紙包覆

冷凍時，不用保鮮膜而用鋁箔紙包裹，放入夾鏈密封袋。如此一來，從冷凍庫取出後，包覆著鋁箔紙的狀態下，立即可以烘烤。特別建議用在像可頌麵包般油脂成分較多的麵包，簡單就能做出酥脆膨鬆的口感。但長期保存，還是比較建議使用能阻絕空氣的保鮮膜。

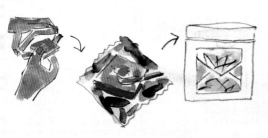

在口袋中放入奶油

薦用於具厚度麵包的方法。從 4 片切厚度的吐司面劃入切紋，使其成為口袋狀，放入奶油。表面薄地塗抹奶油（藉由這個步驟，烘烤時不致與鋁紙沾黏），包覆鋁箔紙，放入夾鏈密封袋冷凍。用時，連同鋁箔紙直接烘烤 10 分鐘。

連同法式麵包蛋液一起放入冷凍

法式吐司，以蛋液浸漬，避免麵包層疊地放入夾鏈密封袋中，直接冷凍。如此蛋液可以充分浸透至麵包中。食用時，在平底鍋加熱較多的奶油，從密封袋取出法式吐司連同蛋液一起放入鍋中，蓋上鍋蓋，用中火烘煎至呈金黃焦香即可。

Tsumugiya
金子健一 Kaneko Kenichi

料理人，1974 年出生於神奈川縣的橫浜。學生時代，因為在日式餐廳打工的契機，取得了調理師執照。經歷了文案撰搞的工作後，轉向麵包師之路。曾任東京中目黑、原宿，十分受到喜愛麵包店「オパトカ Opatoca」的店長，並參與各式麵包開發。2005 年與マツーラユタカ（Yutaka Matsuura）一同組成「つむぎや（Tsumugiya）」，活躍在餐飲、活動、雜誌的食譜提案等…各個領域。2017 將據點移轉至妻子生長的長野縣松本市，以合作的農家蔬菜等為主，開設了能品嚐當季美味的食堂「Alps gohan」。著有『了不起！飯糰』<金園社>、『100 道日式下酒菜』<主婦與生活社>、『作出中午最令人樂在其中的便當』< SUBARU 舍>等書。

Alps gohan HP www.alpsgohan.com/
Alps gohan Instagram [alps.gohan]
つむぎや HP 　 www.tsumugiya.com/

Joy Cooking

終極美味麵包＆三明治圖鑑
史上最簡單＋快速變化146種，小廚房零失敗，看圖點菜好便利！
作者　金子健一
翻譯　胡家齊
出版者 / 出版菊文化事業有限公司　P.C. Publishing Co.
發行人　趙天德
總編輯　車東蔚
文案編輯　編輯部
美術編輯　R.C. Work Shop
台北市雨聲街77號1樓
TEL：（02）2838-7996　　FAX：（02）2836-0028
法律顧問　劉陽明律師　名陽法律事務所
初版日期　2020年12月
定價　新台幣360元
ISBN-13：9789866210754　　書　號　J141

終極美味麵包＆三明治圖鑑：
史上最簡單＋快速變化 146 種，小廚房零失敗，看圖點菜好便利！
金子健一 著　初版 . 臺北市：出版菊文化
2020　128 面；16.5×23 公分　（Joy Cooking 系列；141）
ISBN-13：9789866210754
1. 點心食譜　2. 麵包　　427.16　　109018691

請連結至以下表單填寫讀者回函，將不定期的收到優惠通知。